Cannabis statt Kannibalismus

Der Ratgeber für den gesunden Drogenkonsum

Cannabis statt Kannibalismus

Der Ratgeber für den gesunden Drogenkonsum

Cannabis statt Kannibalismus – © 2001 ATB & G Frenkenberger Eigenverlag, Salzburg

März 2001
ATB & G Frenkenberger Eigenverlag, Salzburg
© Dipl.-Ing. Christian Frenkenberger
Umschlaggestaltung und Layout: Fotosatz-Studio Rizner, Salzburg
Herstellung: Books on Demand GmbH
Printed in Germany
ISBN 3-8311-1700-4

Inhalt

Vorwort 7
Biografie des Autors 8

Einführung 9

Kannibalismus und die Teilnehmer 11

Wie die Kuh Fleisch fressen lernte 11
Als der Kunde noch König war 13
Nicht selber essen: Mästen und verkaufen 14
Vermutungen und Thesen 16
Der Patient ist König – wieder 20

Cannabis – Droge und Allheilmittel 23

Noch 100 Tage bis zur Ernte 23
Asche zu Asche – Staub zu Staub 24
Joints und Rattenfänger 26
Die Cannabisdiät und andere Verkaufshits 29
Hanfprodukte machen schlank 34

Die wahre Macht von Cannabis sativa 38

„Hemp" search now –
das Internet offenbart die aktuelle Dimension 38
Die Versöhnung mit dem Tiermehl 39
Die Sojabohne wäre eine gute Lösung 42

Wie die Kühe Cannabis fressen lernen 44
Hanf, die Pflanze mit und für Charisma 45
Die hanfindustrielle Revolution 47
Das BSE-Fleisch ist schon gegessen 49
Cannabis gegen BSE 50
Der Dorfmetzger verkauft Cannabisprodukte 53

Das Jahrhundert der Frauen 56
Die eigene Festung verteidigen 56
Frauen reden über Männer 59
Laufen wie ein junger Hund 61
Die neuen Frauen und ihre Waffen 63

Cannabis-Produkte im Spitzensport 65
Die wahren Helden geben es zu 65
Erfolg und gesunde Ernährung sind „Drogen" – nütze sie 69

Danksagung 73

Vorwort

„Cannabis statt Kannibalismus" ist weder eine Anleitung noch eine Aufforderung Hanf für den Drogengenuss anzubauen oder zu missbrauchen. Der Begriff „Droge" wird entschärft und auch auf andere Dinge und durchaus gefährliche Konsumgewohnheiten der modernen Gesellschaft angewendet. Dass Hanf eine sehr vielseitige Pflanze zu sein scheint, aus der man Lebensmittel, Hemden, Dämmstoffe, ja sogar Autoteile erzeugen kann, ist inzwischen allgemein bekannt. Dass die Umsetzung derartiger Produkte und Konzepte längst nicht mehr nur der Wille einer fundamentalistischen Randgruppe ist, sondern eine gesundheitspolitische, ethnische und volkswirtschaftliche Notwendigkeit darstellt, wird hier erläutert. Hanf eignet sich wie kaum eine andere Pflanze dazu, die seit Jahrzehnten in politischen Reden angekündigte „nachhaltige Wirtschaftsweise" Wirklichkeit werden zu lassen. Gedacht ist dieses Buch für Menschen, die bereits begonnen haben oder demnächst damit beginnen wollen, mindestens für den eigenen Körper Verantwortung zu übernehmen. Nicht purer Egoismus ist damit gemeint, sondern die reine Selbstverantwortung. Das Buch liefert dazu wertvolle handlungsauslösende Hinweise.

Biografie des Autors

„Frenki" hat er während seiner Schulzeit geheißen. „Frenki", so nennen den Salzburger Unternehmer und Jungautor Christian Frenkenberger auch heute Freunde und Kunden gleichermaßen – meist mit der Vorsilbe „Bio-Frenki". Im Alter von zehn Jahren hatte er damit begonnen, den elterlichen Garten in einen riesigen Gemüsegarten umzuwandeln, wo er jahrelang herrliches Gemüse und die damals noch als „Saufutter" verschrieenen Kürbisse aufzog. Eine Nachbarin war es schließlich, die ihn auf die Idee gebracht hatte, nicht wie geplant Sport zu inskribieren, sondern an der „Universität des Lebens", an der Universität für Bodenkultur in Wien zu studieren.

Neben dem Studium für Agrarökonomik, eignete er sich Russisch als zweite Fremdsprache an und absolvierte den Universitätslehrgang für Exportwirtschaft. Diese ungewöhnliche Kombination brachte ihm die Möglichkeit, sein Studium als Projektleiter eines österreichischen Farmprojekts in Russland abzuschließen. „Einrichtung einer Demonstrationsfarm in Russland – eine Fallstudie zur Anwendung der Techniken des Projektmanagements" lautet der verheißungsvolle Titel seiner Diplomarbeit.

Auch in den Jahren nach der Universität hatte er ausreichend Gelegenheit, Projekte in den Staaten der ehemaligen Sowjetunion zu betreuen. Seine Leidenschaft sind der Biolandbau und die unendlichen Möglichkeiten, die sich aus einer gesunden nachhaltigen Landwirtschaft ableiten lassen. Er hat einen Zustelldienst für Biolebensmittel entwickelt und betreibt diesen heute unter dem Namen „Frenki´s BIO-BOX".

Noch während seiner Tätigkeit im weiten Russland entdeckte er Hanf als jene Pflanze, mit der so manche Aufgabe auf diesem Planet zu lösen sein wird. Heute entwickelt er daraus Lebensmittel und andere nützliche Dinge unter der Dachmarke „TAKE HEMP" (Nimm Hanf). In weit über 500 Gesprächen mit jungen Müttern, Sportlern und anderen ernährungsbewussten Menschen, tauchten Fragen über Fragen zu diesem durchaus zwiespältigen Themenkreis auf. Daraus entstand dieses Buch.

Einführung

Wir befinden uns seit ein paar Jahren scheinbar in einer Zeit, in der kein Stein mehr auf dem anderen bleibt. „Um Gottes Willen" sagen die einen, „Gott sei Dank" sagen die anderen. Ich zähle mich zu den anderen. Ich bin felsenfest davon überzeugt, dass es ein unumstößliches Ursache-/Wirkungsprinzip gibt. Meine leider schon verstorbene Großmutter pflegte im Dialekt zu sagen: „Für ois kumt a zolade Zeit", was soviel heißt wie „nichts bleibt ungesühnt" – wie passend. Das Ursache-/Wirkungsprinzip gab es schon immer, entsprechend unserer schnelllebigen Zeit kommen heute die Dinge jedoch viel rascher ans Licht als in früheren Jahrzehnten.

Vor 20 Jahren hätte das vorliegende Buch sicher nicht auf den Markt kommen dürfen. Vor 10 Jahren wäre es wenigstens schon belächelt worden. Wie es der Zufall so will, haben sämtliche Medien gerade in den letzten Monaten vor dem Erscheinen eine geradezu ideale Stimmung für „Cannabis statt Kannibalismus" geschaffen. Mit der Art und Weise, wie heute Fleisch produziert wird und wie Tiere behandelt werden, programmieren wir ziemlich viel „Wirkung" voraus.

Nach der Lektüre dieses Buches wird Sie nichts von dem, was in nächster Zeit noch über Fleisch aber auch über andere Bereiche der Lebensmittelerzeugung berichtet werden wird, sonderlich überraschen. Es ist kein Buch für Schwarzmaler. Es soll einen Beitrag dazu leisten, dass wir gemeinsam völlig konträre Ursachen in die Wege leiten und erfreulichere Auswirkungen vorprogrammieren.

Die Zeichen stehen sehr gut dafür. Eine Pflanze, die uns dabei ungewöhnlich großen Beistand leisten wird können, darf heute wieder weitgehend legal kultiviert werden: Von Hanf, Cannabis sativa (lat.), hemp (engl.), ist die Rede.

Diese Pflanze wächst auf der Erde seit Urzeiten. Dank moderner Technik ist es uns heute nicht nur möglich, ihre ernährungsphysiologischen Vorteile für Mensch und Tier im großen Maßstab nutzbar zu machen, sondern wir werden es auch schaffen, Produkte zu erzeugen, die den wichtigsten Naturgesetzen endlich nicht mehr zuwiderlaufen und so letztendlich dem Leben dienen.

Seit Ende 2000 ist Tiermehl vielleicht eines der am öftesten erwähnten Worte. Tiermehl ab sofort nur noch als wertlosen Abfall zu betrachten und auch so zu behandeln, wird auf keinen Fall vorteilhafte Wirkungen verursachen – wenn ich es so ausdrücken darf. In diesem Fall trägt nämlich sogar jeder Biobauer, der tierische Produkte erzeugt, dazu bei, dass Unmengen von Müll entstehen, die nur noch verbrannt oder sonst wie entsorgt werden können. Autos bis ins Detail wiederzuverwerten, ist eine vergleichsweise schwierige Aufgabe. Dort sitzen jedoch blitzgescheite Damen und Herren, die diese Aufgabe perfekt lösen werden. Die sterblichen Überreste von Tieren zu verbrennen, kann nur eine vorübergehende Methode sein, um die Krise und das plötzlich entstandene Entsorgungsproblem zu entschärfen. Den Prinzipien der Natur entspricht das sicher nicht. Das Buch zeigt Wege auf, wie so komplex erscheinende Fragen auf recht unkonventionelle Weise gelöst werden könnten.

Wir werden jetzt ganz schnell lernen (müssen), die Natur nicht weiter als Feind zu betrachten, sondern sie als geduldigen Lehrmeister wiederzuentdecken. Das wird weitreichende positive Konsequenzen haben, darauf können wir uns verlassen.

Viel Spaß beim Lesen!   Hallwang, im Februar 2001

Kannibalismus und die Teilnehmer

Wie die Kuh Fleisch fressen lernte

Es begann vor 9000 Jahren. Da hatten ein paar findige Menschen entdeckt, dass es weitaus gemütlicher und weniger gefährlich ist, die Tiere aus der Umgebung zu füttern, anstatt ihnen dauernd hinterher zu jagen. Man begann Schafe und Rinder zu domestizieren. Naturgemäß fraßen die Tiere damals während der warmen Jahreszeiten ausschließlich frisches Gras und im Winter Heu. Sie ahnten noch nicht, was später alles auf dem Speiseplan stehen sollte.

Die Menschheit hat über Jahrtausende wahrlich viel durchgemacht. Hungersnöte und Krankheiten haben die Erdbevölkerung nicht nur einmal in ihrer Geschichte dezimiert. Naturkatastrophen hat es immer gegeben und wird es immer geben – ohne jede Vorwarnung.

Inzwischen sind einige tausend Jahre vergangen und wir befinden uns bereits am Anfang des 19. Jhdts. Der Durchschnittsmensch verzehrt zu dieser Zeit etwa 13 Kilogramm Fleisch pro Jahr. Die Jagd spielt dabei so gut wie keine Rolle mehr.

Knapp 200 Jahre später liegt der Durchschnittsverbrauch in Europa bei etwa 100 Kilogramm pro Jahr und Mensch. Eigentlich kein beeindruckender Rekord, bedenkt man, dass ähnlich hohe Werte bereits am Ende des Mittelalters erreicht wurden. Nur, es essen heute wesentlich mehr Menschen 100 kg Fleisch pro Jahr. Allein in Deutschland wurden Anfang der 90er Jahre 350 Millionen Tiere (Rinder, Geflügel, Schweine) geschlachtet. Dabei entstehen Schlachtabfälle in beinahe unvorstellbaren Mengen.

Tiere müssen – genau wie der Mensch – Eiweiß aufnehmen, damit sie groß und stark werden. Es waren wiederum ein paar findige Leute, die sich da die Frage stellten: „Warum soll nicht auch die Kuh Fleisch oder so was ähnliches fressen?" Nun weiß jedes Kind, dass Kühen beim Anblick von einem Stück Fleisch nicht gerade der Speichel im Mund zusammenrinnt. Man muss das schon ein wenig besser verpacken. So begann man, diese Schlachtabfälle zu vermahlen, nannte das ganze treffend „Tiermehl", vermischte dieses Mehl mit Getreide und verabreichte es den Kühen und anderen eingezäunten Tieren: Überlistet! Seither fraßen viele Rinder, Schafe, Hühner, Schweine, ohne es zu schmecken, die sterblichen Überreste ihrer Artgenossen: Kannibalismus pur.

Wie es die Natur so will, sterben mitunter auch Tiere früher als erwünscht oder erwartet. Was macht man mit Kühen und Schafen sowie mit Hunden und Katzen, die viel zu früh verendet sind? Erraten: Mehl – Tiermehl, um den bis vor kurzem sauber anmutenden Begriff noch einmal zu erwähnen. Dass manche Fabriken nur „hochqualitatives" Tiermehl oder Fleischmehl aus gesunden Tieren erzeugen, ist nur ein schwacher Trost, wenn man bedenkt, dass andere Erzeuger so ziemlich alles vermahlen, was da tierisch und verendet ist.

Faktum ist, ein solches Futter läuft elementaren ethischen und naturgegebenen Grundsätzen zuwider. Es birgt immense Gefahren in sich und wird in weiten Teilen der Welt recht unangenehme Konsequenzen nach sich ziehen.

Das, was da in den letzten Jahren mancherorts zum küchenfertigen Rind-, Schweine-, Hühner- oder Putenfleisch herangewachsen ist, eignet sich keinesfalls für eine fürstliche Tafel, die man mit gutem Gewissen genießen könnte.

Als der Kunde noch König war

Früher war alles besser. Sagen wir, es war anders. Und überhaupt, wann früher? Im Mittelalter, 1940, oder wann? Wie auch immer, selbst wenn es so sein sollte, es nützt niemandem! Der Kunde war früher König – nicht nur einmal in der Geschichte war der Kunde König. Und, er wird immer wieder König sein oder werden – wenn er es wirklich will. Unterwirft sich der Kunde jedoch dem Diktat der Massenindustrie und -werbung ohne aktiv über die eigene kulinarische Entwicklung nachzudenken, verdirbt er sich alle Chancen, in Zukunft wieder als König behandelt zu werden.

Jeder Mensch verfolgt mehr oder weniger vehement persönliche Ziele. Viele haben eine Vorstellung davon, wie das eigene Haus oder das nächste Auto aussehen sollte, andere opfern alles für eine Weltreise. Ist das Ziel erst einmal immer vor Augen und erledigt man die dafür nötigen Aufgaben oder Geschäfte, so wird das Ziel meist auch erreicht. Ein Ziel könnte da auch gesunde Ernährung und Gesundheit bis ins hohe Alter heißen. Leider denken die meisten Zeitgenossen erst dann darüber nach, wenn der eigene Körper bereits rebelliert.

Ist gesunde Ernährung und Gesundheit für einen Menschen lediglich ein wünschenswerter Zustand, für den er nichts zu investieren bereit ist, dann darf sich der betreffende Mensch nicht darüber wundern, wenn er sich mit seinem Körper immer weiter von dem Wunschzustand entfernt.

Doch zurück zur Zeit der Könige. Nicht nur einmal in der Weltgeschichte – und so auch nach den beiden Weltkriegen – war ein gemeinsamer Wille zu Arbeit und Leistung vorhanden. Das Wirtschaftsleben war überschaubar und klein strukturiert. Nur einige wenige Großkonzerne übten sich bereits darin, Produkte zu entwickeln und diese zu verkaufen. Selbst der Stadtfleischhauer kannte die Bauern, bei denen der Viehhändler die Tiere einkaufte. Es blieb beim Einkaufen Zeit, Geschichten zu erzählen. Die besten Kunden bekamen die besten Stücke; sie waren die wahren Könige.

Wieder vergingen die Jahre. Größere Mastbetriebe und größere Schlachthöfe entstanden, Fleisch wurde billiger. Ja, es entstand auch mehr Tiermehl, das sich vordergründig als optimales, da günstiges und in großen Mengen vorhandenes, Futtermittel anbot. Die treuen Kunden kauften das billigere Fleisch. Viele Dorfmetzger hörten damit auf, Geschichten zu erzählen. Längst hatten sie auch aufgehört, die Tiere selber zu schlachten. Die Herkunft, die Haltung, die Fütterung und die leidvollen Transportstrecken der Tiere konnte der Dorfmetzger inzwischen nur noch erahnen, darüber Geschichten zu erzählen, kam ihm sicher nicht mehr in den Sinn. Bald unterschied sich seine Ware vom Supermarkt nur noch im Preis. Die Kunden hatten längst aufgehört, sich wie Könige zu fühlen und gingen mit den anderen „Nichtkönigen" in die großen Konsumtempel.

„Er wird immer wieder König sein", das gibt Anlass zur Hoffnung. Könige lassen sich nicht jeden Wahnsinn verkaufen. Sie handeln klug und vorausschauend. Könige sind gut informiert. Kein Grund zur Besorgnis also. Noch immer – oder inzwischen wieder – gibt es Bauern, Fleischhauer, Bäcker, fahrende Händler, Gastwirte und andere für eine funktionierende Gesellschaft bemühte Persönlichkeiten, die den Königen dienen. Diese braven Geschäftsleute verkaufen den Königen inzwischen auch Cannabisprodukte – mehr dazu später.

Nicht selber essen: Mästen und verkaufen

Noch wurde nicht genug gesagt über die verloren gegangenen Könige, über die falschen Diener und deren Helfer. „Das beste für die

Gäste, das beste Stück für meine besten Kunden" so lauteten jene banalen Erfolgsregeln vor nicht allzu langer Zeit, die so manch williger Verkäufer heute erst wieder mühsam auf diversen Seminaren erlernen muss. Schließlich galten in Zeiten des totalitären Kannibalismus für viele Jahre ein klein wenig andere Gesetze.

Entstanden sind diese anderen Gesetze in etwa so: Man ersetzt Zäune durch Mauern, Wiesen durch Sägespäne und füllt den so entstandenen Raum vorzugsweise mit so vielen Truthahn-Küken, dass nach ein paar Wochen fleißigen Wachstums kein Stück Boden mehr sichtbar ist. Die Tierchen haben beim Wachsen ordentlichen Stress.

Stress ist ungesund und macht krank. Die Tiere wachsen dank Wachstumshormonen schneller als es ihnen lieb ist. Antibiotika schützen recht wirksam gegen Krankheiten. Nach dem Aufenthalt in der großen Halle kommt der Lastwagen, um die Tiere in die nächste – letzte – Station zu bringen.

Es gibt nur zwei Arten von Menschen, die dieses mörderische Geschäft betreiben. Diejenigen, die das Fleisch dieser Tiere selber essen, und diejenigen, die auf solcherart erzeugtes Fleisch ganz bewusst verzichten. Über mögliche Gründe für den Verzicht sowie über möglicherweise unerwünschte Nebenwirkungen derartiger Produktionsweisen wird hier noch einiges gesagt werden.

Einen gut gemeinten Appell darf ich an dieser Stelle an alle jene Leser richten, die in den letzten Jahren aus gesundheitlichen Gründen auf nur vordergründig billiges Geflügelfleisch ausgewichen sind: Verzichten Sie vollkommen auf Hühnerfleisch, Eier und Putenfleisch, wenn Sie nicht sicher sein können, dass die Tiere aus kontrolliert biologischer Tierhaltung kommen!

Geflügelhaltung ist einer der am stärksten industrialisierten landwirtschaftlichen Produktionszweige überhaupt. Es kommen da – meistens über das Futter – Mittel und Stoffe zum Einsatz, die Ihrem Körper und Ihrem Immunsystem – schonend gesagt – nicht dienlich sind. Zum Zweiten stehen diese Tiere unter Dauerstress – vom Anfang bis zum Ende. Es ist wissenschaftlich erwiesen, dass im Fleisch – nebst anderen unerwünschten Stoffen – Stresshormone enthalten sind, die Körper und Geist des Menschen negativ beeinflussen.

Vermutungen und Thesen

Tiere sind in der Massentierhaltung einem permanenten Stress ausgesetzt. Sie legen Verhaltensweisen an den Tag, die man in freier Wildbahn und in artgerechter Tierhaltung nie beobachten kann. Schweine beißen, wenn Sie die Gelegenheit bekommen, dem Nachbarn in den Schwanz, Hühner und Truthähne rupfen sich gegenseitig die Federn. Nimmt man ihnen diese Möglichkeit weg, so beißen Sie auf Metall oder verstümmeln sich gar selber.

Man ist daher vor langer Zeit dazu übergegangen, Tiere zu züchten, die diesen Stress dem Anschein nach recht gut vertragen. Solche „stressresistenten" Tiere brauchen auf den ersten Blick wenig sozialen Kontakt zu Artgenossen, auch die Reise in die letzte Station vertragen sie zusammengepfercht im engen Transporter erstaunlich gut. Gemessen wird dies daran, dass sich das Schnitzel eines „stressresistenten Schweins" beim Braten nicht so stark zusammenzieht als andere Schnitzel. Die Konsumenten sind damit bereits zufrieden, denn das ursprüngliche, langsam gewachsene, schon bei Asterix und Obelix hochgepriesene und unglaublich bekömmliche Schweinefleisch kennt heute nur noch eine kleine Minderheit von Menschen. Der weitaus größere Teil der Konsumenten übt sich darin, Fleisch möglichst billig einzukaufen.

Stress und Anfälligkeit für Krankheiten sind übertragbar, das ist mehr als eine These. Der Mensch wird durch den dauernden Konsum solcher Produkte extrem anfällig für Krankheiten. Die Frage, ob die weit verbreiteten Angstzustände, die überhand nehmenden Depressionen und die ohnehin ständig zitierten Zivilisationskrankheiten damit in Zusammenhang stehen könnten, will ich hier mit einem eindeutigen „Ja" beantworten.

In der Tiermast hat man all die Probleme mit Krankheiten und Verhaltensstörungen recht gut im Griff. Die Masttiere erhalten ohnehin einen sehr gut ausgetesteten Cocktail an vorbeugenden Mitteln. Die Gefahr, dass etwa Antibiotika allzu rasch nicht mehr wirken könnten, ist kaum zu beobachten, zumal Masttiere bis zur allfälligen Resistenzbildung längst geschlachtet werden. Der Stall wird nach dem Ende einer Mastperiode gründlich gereinigt, das Überleben gefährlicher Erreger ist so nicht zu befürchten.

Ganz anders sieht es da mit uns Menschen aus. Die meisten von uns leben deutlich länger als ein Jahr. Im Laufe eines langen Menschenlebens nimmt man heute viele „moderne" Stoffe aus der Umwelt und aus der Ernährung auf. Bildlich kann man sich seinen Körper als mehr oder weniger großes Fass vorstellen, das man im Laufe des Lebens mit diesen Stoffen füllt. In der modernen Zivilisation kann beinahe jeder darüber entscheiden, ob mehr Stoffe aus dem Fass verdunsten oder mehr hinzukommen, bis das Fass wortwörtlich voll ist – die Folgen sind bekannt.
Es liegt auf der Hand, dass wir dieses Fass über die Ernährung unglaublich schnell füllen können. Der Stress nimmt zu, die Bewegung nimmt ab – nichts verdunstet. Dann gibt es da in den fleischlichen Mahlzeiten mitunter recht gemeine Stoffe, wie Antibiotikarückstände oder die Stresshormone von dauergestressten

Tieren. Nicht nur, dass sich der Stress auf uns Menschen überträgt. Gewisse Stoffe machen unseren gesamten Organismus – gelinde gesagt – müde. Die Lust auf Bewegung sinkt weiter, die Anfälligkeit für Krankheiten nimmt weiter zu. Plötzlich kommen die Kinder schon mit Allergien zur Welt. Plötzlich treten da Punkte am ganzen Körper auf, man untersucht das Blut. Die Diagnose: „Das Blutbild ist total durcheinander!" Ursache: „Unbekannt und auf alle Fälle rätselhaft!"

Die Welt ist heute 1000 Mal komplexer geworden als sie es noch vor einer Generation war. Diese Komplexität spielt sich im Makrokosmos genauso ab wie in jeder kleinen Zelle. Wir haben es heute nicht mehr mit klar definierten Chemikalien zu tun, die eine ebenso klar definierte Vergiftung hervorrufen. Wir haben es vielmehr mit einer unüberschaubaren Anzahl von Stoffen und daraus abgeleiteten Stoffen (Derivaten) zu tun, die uns in Form von Möbel- und Bekleidungsstücken genauso umgeben wie in Form von Nahrungsmitteln, die wir dann im schlimmsten Fall auch noch essen. Unangenehm ist zum einen, dass es so viele Stoffe sind, zum anderen, dass diese in ihrem Wirkungszusammenhang nur ungenügend erforscht sind und auch in ihrer ganzen Komplexität nicht erforschbar sind.

Komplexität verheißt umgekehrt auch Individualität. Je komplexer Systeme werden, umso wichtiger ist es auch, die Besonderheiten der einzelnen Bestandteile zu berücksichtigen. So ist es etwa für das Internet – eine wahrhaft komplexe Geschichte – völlig egal, ob irgendein Heimcomputer in irgendeinem abgelegenen Dorf in der für den Benützer gewünschten Art und Weise funktioniert oder – im schlimmsten Fall – abstürzt. Es ist für den einzelnen Benutzer jedoch entscheidend, dass der Computer genau nach seinen Bedürfnissen eingerichtet und mit den entsprechenden Programmen ausgestattet ist.

Genau darum geht es in der heutigen Zeit: Wir Menschen müssen uns viel stärker als individuelle Wesen inmitten eines großen Systems erkennen und damit umgehen lernen. Niemand kann uns diese Verantwortung abnehmen.

Pauschalrezepte haben ihre Wirkung verloren. Darin ist wohl die Krise der westlichen Medizin genauso wie die Krise der pauschalierenden Religionen begründet.

Es gibt unumstößliche Grundregeln, die gewissermaßen den Charakter von Naturgesetzen haben, wie etwa: „Es ist gut für Dich, wenn Du regelmäßig Frischluft schnappst und Dich dazu noch bewegst". Nur über das wie, wo und wieviel gibt es keine pauschale Wahrheit. Dennoch, man will möglichst allen Menschen dieselbe Diät gegen Übergewicht und dieselben Medikamente gegen Bluthochdruck verkaufen. Um über Ursachen nachzudenken, bleibt oft keine Zeit.

Immer mehr Ärzte, Therapeuten und andere gescheite Menschen erkennen, dass es genau um dieses bisschen Zeit geht, um dem Patienten „ursächlich" helfen zu können. Freilich erlauben es die äußeren Umstände einem Arzt oder einem Therapeuten in der Regel nicht, seine Zeit gratis zur Verfügung zu stellen. Mit der Ganzheits- und Vorbeugemedizin lässt sich das liebe Geld ganz und gar nicht über teure Medikamente verdienen. Ganzheitlich orientierte Ärzte sind persönliche Berater, ein entsprechendes Honorar ist daher nur allzu fair.

Diese Umwälzungen im Gesundheitssystem gehen durchaus leise, jedoch nicht minder zügig voran. Unendlich viele Menschen bemühen sich mit oder ohne Hilfe, sich als einzigartiges Individuum wiederzuentdecken. Das hat Konsequenzen – auch für jene, die diese Entwicklung verzögern wollen.

Der Patient ist König – wieder

Wie viele Könige verträgt die Welt? Zehn, hundert oder unzählige? In der selben Geschwindigkeit wie sich Menschen als Individuum entdecken, wächst auch die Anzahl der Könige.

Noch befinden wir uns in einer Zeit, da sehr viele Fäden in Händen zentraler Machtmonopole sind. Zum Teil wird das auch immer so bleiben – wo es Sinn macht. Die Betonung liegt auf „zum Teil", denn viele Dinge auf dieser Welt sind nicht mehr länger zentral zu steuern.

Um ein Extrembeispiel anzusprechen: Der einzelne Erdenbürger wird sich immer öfter aus freien Stücken entscheiden können, ob heute wieder die Droge Fleisch, oder doch die andere Droge Cannabis am Speiseplan stehen soll. Er wird auch wieder lernen, wie das Verhältnis von Zucker zu echtem Kakaopulver sein muss, damit die Schokolade nicht nur süß, sondern sogar gesund ist.

„Die Menge macht das Gift" diese Aussage von Paracelsus ist heute vielleicht einer der meistzitierten Sätze überhaupt.

„Fleisch ist gesund, du musst Fleisch essen!" Diese Botschaft ist schon heute nur noch mit größter Anstrengung und mit enormen finanziellen Mitteln an den Mann und noch viel schwieriger an die Frau zu bringen.

„Eure Medizin sollen die Lebensmittel sein, macht Eure Nahrung zu Eurer Medizin " ist eine andere – nicht weniger bedeutende Aussage des weisen Vordenkers Hypokrates.

Professor Haiger von der Universität für Bodenkultur pflegt zu sagen: „Früher war ja die Rindssuppe eine hochwirksame Medizin. Wenn Du Dich schwach fühltest, dann hat Dir die Oma eine kräftige

Suppe gekocht und Du bist am nächsten Tag wieder aufgestanden. Heute ist meistens keine Rede mehr von Medizin. Das Rindvieh von heute frisst viel zu viel Eiweiß, das Fleisch ist voll von Purinen[1], von Futtermittelzusatzstoffen ganz zu schweigen."

Kurzum, immer mehr Menschen werden unabhängig von allen „gutgemeinten Ratschlägen" haargenau erkennen, wie viel Fleisch ihrem Lebenswandel tatsächlich gut tut. Immer mehr Menschen werden erkennen, was in den Hühnern, Puten, Schweinen und Rindern, um die üblichen Nutztiere einmal der Größe nach anzuordnen, aus der Massentierhaltung in Wahrheit steckt. Sie werden von selber erkennen, dass dies mit Medizin schon lange nichts mehr und mit Genuss seit geraumer Zeit auch nichts mehr zu tun hat.

Die Konsumenten haben heute mit dem Internet ein Instrument in der Hand, das ihnen Zugang zu fast jeder Information ermöglicht. Jeder kann sich informieren, was es mit BSE auf sich hat. Er lässt vorerst einmal alles auf sich wirken, denkt nach und entscheidet sich dann aufgrund seiner Informationen für weniger oder vielleicht auch gar kein Fleisch. Er geht zum Biometzger und fragt nach Fleisch aus artgerechter, biologischer Tierhaltung – oder er bestellt das gute Stück gleich aus verlässlicher Quelle online beim Hauszusteller.

Er zahlt dort jenen Preis, den er ohnehin hätte zahlen müssen, hätte sich der Preis pro Kilo Fleisch seit den 50er Jahren kontinuierlich entwickelt. Oder er kauft bei seinem Biometzger/Hauszusteller Cannabisprodukte der besonderen Art, weil er ganz genau weiß, dass

---

[1] Purine: Das sind Stoffe, die sich bei einer eiweißbetonten Fütterung im Tierkörper ansammeln. In der menschlichen Ernährung besser bekannt ist die Harnsäure, die als Mitverursacher von zahlreichen Stoffwechselerkrankungen eine Rolle spielt.

Hanf alle essentiellen Aminosäuren enthält, die sonst nur im Fleisch enthalten sind. Wie immer seine Entscheidung ausfällt: Er wird von seinem Biometzger oder seinem Hauszusteller als König betrachtet und entsprechend behandelt.

Das ist dann der Anfang vom Ende seines Patientendaseins.

Cannabis – Droge und Allheilmittel

Noch 100 Tage bis zur Ernte

Wir befinden uns im Jahre 2006. Es hat sich wieder sehr viel getan in den letzten paar Jahren. Was sich am Ende des letzten Jahrtausends abgezeichnet hat, musste sich in den ersten Jahren des neuen Jahrtausends manifestieren: Die Art und das Ausmaß wie der Mensch andere Lebewesen über Jahrzehnte genützt hatte, musste geradezu biblische Auswirkungen nach sich ziehen.

Große Teile der Bevölkerung westlicher Industriestaaten erkannten plötzlich die Lüge, die hinter dem „gesunden täglichen Fleisch" steckte. Absatzrückgänge von 20, 40, 80 und mehr Prozent brachte die gesamte europäische Agrarpolitik ins Wanken. Der enorme Bestand an schlachtreifen Tieren mutierte von einem Absatzproblem zu einem Entsorgungsproblem. Das Bauernsterben in dieser Zeit ist ein trauriger Aspekt, dessen Verarbeitung noch viel Zeit in Anspruch nehmen wird.

Wie erwartet waren es wiederum ein paar findige Menschen, die bereits in den 90er Jahren des 20. Jahrhunderts fast gleichzeitig auf allen Kontinenten dieser Erde eine Pflanze wiederentdeckten, die fast völlig in Vergessenheit und zeitweise zu Unrecht verboten war: Von Hanf, hemp (engl.), Cannabis (lat.) ist die Rede.

Hanf wurde in der Menschheitsgeschichte nicht nur einmal als heilige Pflanze verehrt. Die weibliche Blüte hat psychoaktive – bewusstseinsverändernde – Inhaltsstoffe. Drogenmissbrauch ist möglich und kaum zu verhindern. Dieses Buch beschäftigt sich nur am Rande mit Hanf als Rauschdroge im umgangssprachlichen Sinn. Drogenpflanzen sind per Definition in erster Linie medizinisch wirksame Gewächse – das wird sehr wohl ein Thema sein.

Von der Saat bis zur Ernte dieser Pflanze vergehen ziemlich genau 100 Tage. In diesen 100 Tagen wird sie zwischen 2 und 7 Meter hoch, es entstehen auf gesundem Boden – ohne Einsatz von synthetischen Hilfsmitteln – allein durch Photosynthese Fasern, Schäben, Stroh, Samen, Öl, essentielle Aminosäuren und Cannabinoide[2]. Daraus kann man mit verhältnismäßig geringem Aufwand Textilien, hochwertige Lebensmittel, Kosmetika, Naturheilmittel und natürlich auch Rauschdrogen herstellen. Der Übergang vom Heilmittel zur Rauschdroge ist gerade bei Hanf fließend.

Bei näherer Betrachtung und bei entsprechendem Mehraufwand lassen sich mit und aus dieser Pflanze rund 10.000 überaus nützliche Produkte herstellen. Hanf als *den* nachwachsenden Rohstoff zu bezeichnen, ist somit keineswegs übertrieben.

Es wird sich in den nächsten Jahren zeigen, ob es der Menschheit gelingt, weite Teile der Wirtschaft auf Nachhaltigkeit und auf nachwachsende Rohstoffe umzugestalten, oder ob weiterhin nicht erneuerbare Rohstoffe (Erdöl) die wichtigste Basis für unsere ökonomische Entwicklung sein wird. Hanf könnte als nachwachsender Rohstoff eine zentrale Rolle spielen. Der Planet schreit nach diesem Kraut.

Asche zu Asche – Staub zu Staub

Inzwischen gibt es weltweit ein Netzwerk von verantwortungsbewussten Menschen, die sich dieser Pflanze verschrieben haben. Sicher,

---

[2] Die Cannabinoide stellen die pharmakologisch wichtigsten Inhaltsstoffe der Cannabispflanze dar. Zu dieser Stoffgruppe zählt auch das Delta-9-Tetrahydrocannabinol (Delta-9-ZHC), welches für die psychoaktive Wirkung von Cannabis verantwortlich ist.

einige Teilnehmer wollen Drogen verkaufen, tun dies auch und sind bestens organisiert. Eine immer größer werdende Anzahl an Teilnehmern will mit Cannabis jedoch ganz alltägliche Probleme lösen.

Unabhängig vom Entwicklungsstand eines Landes geht es immer mehr darum, Produkte möglichst aus nachwachsenden Rohstoffen zu entwickeln, diese umweltschonend zu erzeugen und nach deren Verwendung wieder dem „ewigen Kreislauf" zurückzugeben. Kreislaufwirtschaft und somit nachhaltiges Wirtschaften sind seit mindestens 10 Jahren überaus beliebte Worte in politischen Reden. Bis vor kurzem nur in ganz wenigen zukunftsweisenden Teilbereichen begonnen, bleibt uns heute gar nichts anderes mehr übrig, als endgültig den „Weg der Nachhaltigkeit" einzuschlagen.

Alle Mächtigen und Entscheidungsträger auf dieser Welt wissen, dass die Chinesen – wenn sie wirklich alle Auto fahren wollen – andere Fahrzeuge fahren werden müssen, als wir es heute tun. Andernfalls wäre der totale Kollaps im Handumdrehen da. Die technischen Lösungen liegen großteils bereit; die Umsetzung des 0-Liter-Autos kommt. Was hat das alles mit Cannabis oder gar Kannibalismus zu tun?

Sehr viel, denn Hanf wächst – wenn der Mensch es zulässt – fast überall auf dieser Erde. Dort, wo es wenig Wald gibt, liefert er den Zellstoff für die Papiererzeugung. Dort, wo die Baumwoll-Monokultur beinahe alles zerstört hat, was es zu zerstören gab, hilft diese Pflanze bei der Genesung der Böden und liefert dabei die robusteste pflanzliche Faser.

Dort wo Sturm und Lawinen ganze Waldstriche verwüstet und damit Täler unbewohnbar gemacht haben, lassen sich aus Hanf Geotextilien erzeugen, die für die rasche Wiederbewaldung unentbehrlich sind.

Die Faserstruktur verrottet erst nach einigen Jahren – dafür aber vollkommen rückstandsfrei.

Dort wo heute Kühe, Schweine, Hühner ihre Vorfahren fressen, dort wo sich Menschen mit allen erdenklichen Mitteln aus dem High-Tech-Labor ihre Bäuche füllen, wird die Mutter aller Pflanzen ihre wahre Größe noch zeigen. Hanfkuchen[3] ist beispielsweise ein äußerst wertvolles Futtermittel für Rinder. Hanf ist gerade für die Futtermittelerzeugung die ideale Alternative zu Gen-Soja.

Aus und mit Hanf werden unzählige Produkte erzeugt werden, nach deren Verbrauch oder Verwendung tatsächlich nicht mehr überbleibt als Kompost oder Asche – und alles beginnt von vorne. Das ist alles weit hergeholt? Auf den ersten Blick muss man sagen: „Ja". Auf den zweiten Blick ist zu erkennen, dass die Kinder von heute weitaus bessere Voraussetzungen haben, diese und ähnliche Visionen umzusetzen. Ein Wissen über den Umweltschutz oder über gesunde Ernährung erhalten die Kinder von heute bereits in der Volksschule. Wer von den heute 30-jährigen hat in der Schule damals von Biolandbau gehört? Es gibt genügend Hinweise darauf, dass alles besser werden kann und besser werden wird.

Joints und Rattenfänger

„Ja, aber aus Hanf macht man doch auch Marihuana!" Richtig. Zuweilen diskutiert man, ob Marihuana Droge oder Genussmittel sei. Es ist nicht Aufgabe dieses Buches, diese Frage zu klären, auch wird hier nicht die Frage beantwortet, ob Cannabisprodukte vollkommen legalisiert werden sollten.

---

[3] Hanfkuchen entsteht beim Pressen von Hanföl. Aus fast jeder ölhältigen Pflanze entsteht beim Pressen ein sogenannter „Kuchen". Rapskuchen, Sojakuchen und eben auch Hanfkuchen eignen sich vorzüglich für die Verfütterung an landwirtschaftliche Nutztiere.

Fest steht, es ist ziemlich gleichgültig, ob sich Menschen mit Alkohol betrinken oder mit Marihuana einrauchen. Beides gehört in die Kategorie Drogenmissbrauch. Marihuana ist wahrscheinlich gesünder als Alkohol. Alkohol ist umgekehrt sicher besser als synthetische Drogen, die heute in unüberschaubaren Mengen am Markt sind und auf die Jugend wie ein Magnet wirken. Leider verkaufen die modernen Rattenfänger immer öfter Drogen aus synthetischer Herkunft. Der ganz normale Joint ist oft nicht mehr „cool" genug. Bei aller Mahnung zur Vorsicht auch vor dem Genuss „weicher Drogen" darf eine Feststellung nicht fehlen: Den Joint (Zigarette aus Marihuana) gibt es schon seit Urzeiten. Der menschliche Organismus weiß durchaus, wie er diese natürlichen „Gifte" abzubauen hat. Ein bleibender körperlicher Schaden durch das Rauchen eines Joints ist praktisch auszuschließen.

Völlig anders sieht es beim Genuss synthetischer Drogen aus, von denen auch so manche als weich und harmlos bezeichnet werden. Damit verhält es sich ähnlich wie mit anderen synthetischen Stoffen, die wir in unsere Kreisläufe eingeschleust haben. Zum einen gilt hier wieder die Theorie, des überlaufenden Fasses, zum anderen gibt es auch hier Substanzen, die mit Sicherheit bereits nach dem einmaligen Genuss Schäden hinterlassen.

Der Drogengenuss ist so alt wie die Menschheit. Der Drogenmissbrauch ist zumindest fast so alt wie die Menschheit. Der Missbrauch im heutigen Ausmaß ist sicher neu. Sehr neu sind eben auch die vielen „Designerdrogen", für die der alte Satz „die Menge macht das Gift" nicht mehr gültig ist.

Hildegard von Bingen sagte: „Hanf macht die hellen Köpfe heller, die dummen dümmer!" Eine zentrale Aussage zur modernen Drogenpolitik? Drogen und Genussmittel sind sehr eng verwandt.

Auch die Tabakpflanze ist von Haus aus nicht ungesund und hat kaum ein größeres Suchtpotential als etwa Kaffee oder schwarzer Tee. Tabak ist ein Nachtschattengewächs, wie die Tomate oder die Kartoffel. Ungesund sind vielmehr die Mittel, die das Tabakpflänzchen in der Monokultur vor diversen Krankheiten schützen soll. Ich kenne Tabakfarmer, die nicht wegen der Gesundheitsgefährdung durch das Rauchen eben mit dieser Sucht aufgehört haben, sondern weil Sie wissen, was Sie Woche für Woche auf die Pflanzen sprühen. So richtig ungesund wird es dann noch einmal bei der Verarbeitung des Tabaks zu Zigaretten. Die vielen Gerüchte rund um diverse Zusatzstoffe in Zigaretten entsprechen leider durchwegs der Wahrheit.

Es ist nicht der naturreine Tabak, der die Chance auf Krebs deutlich erhöht, den Spermien beim Mann jeden Schwung nimmt und die Menschen allgemein schneller altern läßt. Es ist vielmehr die bei der Erzeugung von Tabakwaren übliche Verkettung ungünstiger und vollkommen unnatürlicher Mittel und Abläufe, welche die Warnung „Rauchen gefährdet Ihre Gesundheit" dringend nötig macht. In den meisten Fällen müsste es leider heißen „Rauchen macht Sie krank" – obwohl es von Natur aus bei weitem nicht so sein müsste.

So gesehen haben Tabak und Fleisch wieder erstaunlich viel gemeinsam, beides sind Drogen in dem Sinne, dass die Menschheit davon abhängig ist, viel zu viel davon verbraucht und immer mehr davon braucht.

Drogen im eigentlichen und ursprünglichen Sinne öffnen die Seele eines Menschen. Das weiß und nützt eine ganze Heerschar von Rattenfängern, die heute mit mehr oder weniger gutem Erfolg versucht, an die suchenden Menschen heranzukommen. Egal, ob natürliche oder synthetische Drogen, sie öffnen die Seelen. Drogen dienten den Menschen aller Religionen, um das göttliche Prinzip zu finden. In Naturvölkern und zunehmend auch wieder in zivilisierten Gesellschaften gab und gibt es Rituale, die ohne psychoaktive Substanzen kaum denkbar sind. Göttliche Prinzipien gibt es wahrscheinlich nicht sehr viele. Diese zu hinterfragen oder diese gar aufzuzeigen, ist auch in keiner Weise Gegenstand dieses Buches.

Hier geht es um die einfachen Rituale des täglichen Lebens, die wir heute oft neu erlernen müssen. Dazu zählen etwa Bewegung, Essen, Trinken, der Umgang mit dem Nächsten oder auch mit Tieren. Für diese einfachen Rituale können Hanf und seine Nebenerzeugnisse sehr wertvoll sein. Cannabis soll dem modernen und aufgeschlossenen Menschen gewissermaßen als homöopathischer Wegbegleiter dienen; um den Joint dreht es sich in diesen Fällen sicher nicht.

Die Cannabisdiät und andere Verkaufshits

„Schlucken Sie täglich einen Teelöffel Hanföl, essen Sie regelmäßig Hanfnudeln und trinken Sie jeden Tag Ihren Cannabissaft. Sie werden nur so vor Lebensfreude strahlen, Ihr Gewicht wird sich auf dem richtigen Niveau einpendeln, jeder wird bemerken, dass Sie ein anderer Mensch geworden sind!"

Schön wäre es. Es könnte aber auch sein, dass Sie vorübergehend gar keine Cannabisprodukte essen sollten. Vielleicht leiden Sie an einer seltenen Allergie gegen alle nussartigen Pflanzen. Ich bin ein vehementer Gegner von pauschal formulierten Ratschlägen. Sie merken selber am besten, was Ihnen gut bekommt. Je mehr ehrliche Naturprodukte Sie zu sich nehmen, desto leichter fällt es Ihnen, Ihrem Körper immer das Richtige zuzuführen. Sie brauchen weder einen Mondkalender, noch müssen Sie die Trennkost bis zum Exzess üben, auch auf die Blutgruppendiät können Sie verzichten. Sie spüren plötzlich ganz von selber, dass es Tage gibt, an denen Sie am besten nur Tee trinken sollten.

Sie tragen den ganzen Jahresrhythmus in sich. Sie verspüren zur rechten Zeit Appetit auf Sauerkraut, Sie wissen, wann Sie Frischluft brauchen. Sie alleine wissen, was gefragt ist. Eine Cannabisdiät gibt es nicht. Gäbe es diese, so wäre sie wahrscheinlich genauso verlogen, wie alle anderen Diäten, die Schönheit und Schlanksein versprechen. So wie naturbelassene Stoffe und Lebensmittel ihre Sensitivität fördern, so gibt es umgekehrt Stoffe, die diese Empfindsamkeit in Ihnen mindern oder überhaupt zunichte machen. Es sind unnatürliche Stoffe, die wir aus unserer Umwelt, in weitaus höherem Masse jedoch über unsere Nahrung aufnehmen. Besonders unangenehm ist die Tatsache, dass es sich sehr oft um Nahrungsmittel handelt, die dem Image nach gesund sein sollten. Vor Geflügel aus Massentierhaltung habe ich weiter oben schon gewarnt.

Sie dürfen auf keinen Fall erwarten, dass Sie von einer Batteriehenne, die ausreichend Mehl von Artgenossen und andere unangenehme Dinge frisst (fressen muss), Zeit ihres Lebens eingesperrt ist und unter Dauerstress leidet, Sensibilität „erlernen". Das selbe „Spiel" gibt es auch bei den Meeresfrüchten zu beobachten. Die Menschheit ist inzwischen süchtig danach. Der Bedarf ist über Wildfang und artgerechte Garnelenzucht bei den heutigen Preiserwartungen bei weitem nicht zu decken. Die überwiegende Masse von Riesengarnelen kommt daher aus Zuchtbecken, die das Adjektiv „kriminell" verdienen. Dass hier riesige tropische Urwaldbestände vernichtet und auf Jahrzehnte hinaus verseucht werden, könnte dem hungrigen Mitteleuropäer theoretisch noch egal sein. Dass hier jedoch die selben Antibiotika, dasselbe Tiermehl und auf alle Fälle auch Fischmehl aus unbekannten Quellen zum Einsatz kommen, mag dann vielleicht dem einen oder anderen den Appetit verderben.

Fast hätte ich noch geschrieben: „Ich will Ihnen nicht den Appetit verderben!" Das wäre jedoch gelogen. Ich will Ihnen in der Tat den Appetit auf diese Dinge verderben. Ich will darüber hinaus, dass immer mehr Menschen hinterfragen, was sich da wirklich abspielt.

Jene Diäten, die man den Menschen nach all den Jahren der unbewussten Fehlernährung verkaufen will, sind teuer und überwiegend wirkungslos. Auch jene Vitamintabletten, auf die der gesundheitlich angeschlagene Mensch später zurückgreift, sind teuer und meist nutzlos – mitunter sogar schädlich. Dabei ist Vitaminmangel in Mitteleuropa bei ausgewogener Ernährung fast unmöglich. Das trifft in jeder Hinsicht auf das allseits beliebte Vitamin C zu. Chemisch ist das synthetische Vitamin C gleich dem natürlichen Pendant aus der Zitrone oder – siehe da – aus der Petersilie. Meine These – mit der ich sicher nicht alleine bin – lautet: Synthetisches Vitamin C ist für Ihren Körper wertlos, das Vitamin C aus der Petersilie können Sie besser verwerten als aus der Orange.

Wenn Sie Zitrusfrüchte lieben, dann essen Sie diese – wenn möglich zumindest solche ohne Oberflächenbehandlung. Wenn Sie Ihrem Körper in kurzer Zeit und in größeren Mengen Vitamin C zuführen wollen, dann essen Sie Petersilie, Kraut oder sonst was aus Ihrer Umgebung. Die Petersilie hat pro Gramm 200 Mal mehr Vitamin C als die Orange; das freut Ihren Körper.

Bin ich nun zu weit gegangen, wenn ich behaupte, Sie könnten von einer Batteriehenne nichts lernen? Ich wollte damit nur sagen, Ihr Körper lernt nichts, im Gegenteil, er vergisst einige wichtige Dinge, die ihm in die Wiege gelegt wurden.

Greifen Sie auch nicht nach Fertig- und nach Halbfertigprodukten. Das machen doch alle? Das ist doch der Trend? Was soll daran falsch sein? Sind sie alle? Sie kennen ja die Geschichte mit den Königen. Versuchen Sie so oft es geht, vitale, naturbelassene und der Jahreszeit entsprechende Lebensmittel zu konsumieren. Zuhause genauso wie beim Auswärtsessen. Vermeiden Sie Restaurants, in denen das ganze Jahr über Hirschragout auf der Karte steht.

Es gilt, ein paar Grundregeln zu beachten. Die nächste Diät, die man Ihnen in gemütlicher Runde als die beste verkaufen will, verursacht bei Ihnen nur noch ein mildes Lächeln.

So ist es auch keinesfalls der totale Verzicht auf Fleisch, mit dem man seine gesundheitlichen Probleme lösen könnte. Der großangelegte Verzicht auf Rindfleisch hätte schwerwiegende Auswirkungen auf die gesamte Kulturlandschaft, Landwirtschaft und letztendlich auf die Wirtschaft ohne dass irgendein Problem gelöst wäre. Wenn wir Milch und Milchprodukte wie gewohnt konsumieren und Rindfleisch vom Speiseplan streichen, so stellt sich unmittelbar die unlösbare Frage: „Wohin mit den unzähligen Kälbern und wohin mit den Milchkühen, wenn sie ausgedient haben?" Ich vertrete aus österreichischer Sicht den Standpunkt, dass heimisches Rindfleisch von allen Fleischsorten die geringsten gesundheitlichen Risiken in sich birgt. Die Rindfleischproduktion ist in Österreich von allen Fleischsorten am wenigsten industrialisiert. Freilich lautet die Empfehlung auch hier, möglichst nur Fleisch aus biologischer Produktion zu konsumieren.

Generell kann man jedoch behaupten, dass die Wahrscheinlichkeit, durch den Konsum von österreichischem Rindfleisch an Rinderwahnsinn zu erkranken, gleich Null ist. Das Problem war und ist die Unüberschaubarkeit tierischer Erzeugnisse und die groß angelegte Vermischung der Rohstoffe. Bei gewissen Produkten und leider auch bei Würsten (auch diese kann man rein und gesund erzeugen) war man leider sehr erfinderisch, um eine möglichst billige Herstellung zu erreichen.

Es ist heute unbestritten, dass manche Menschen, hunderte Katzen, weltweit tausende Rinder und aller Voraussicht nach noch mehr Schafe an Störungen leiden, die dem viel zitierten Rinderwahnsinn ähnlich sind. Als mögliche Ursache gilt bei weitem nicht nur die Verfütterung von Tiermehl an Wiederkäuer, wenngleich bereits Rudolf Steiner in den späten 20er Jahren des vergangen Jahrhunderts sinngemäß feststellte, dass die Rindviecher „deppert" werden, wenn man ihnen Schlachtabfälle verabreicht. Der Anstieg von Harnsäure im Blut verursache diese Erscheinungen. Eine von vielen möglichen Ursachen sind aber auch bestimmte – in der Zwischenzeit längst verbotene Phosphor-Pestizide in der landwirtschaftlichen Pflanzenproduktion, die sich im England der 80er Jahre als allgemein „nicht gerade aufbauend für Nervenzellen" erwiesen haben.

Zusammenfassend kann man sagen: Der Rinderwahnsinn, der schon seit über 100 Jahren existiert, heute jedoch gehäuft in der industriellen Landwirtschaft auftritt, ist lediglich ein kleiner Teil aus einer ganzen Reihe recht unangenehmer Dinge, die auf die Menschheit noch verstärkt zukommen werden. Recht bekommen alle jene, die seit Jahrzehnten dazu auffordern, bestimmte Naturgesetze nicht weiter zu ignorieren. Der Rinderwahnsinn, diverse Immunschwächekrankheiten und neuartige Blutkrankheiten, das alles sind Probleme, die aus ganzheitlicher Sicht nicht anders zu erwarten waren. Es ist im Grunde ein ganz einfaches Ursache-/Wirkungsprinzip. Unser altes menschliches Problem besteht ja in erster Linie darin, dass man nicht versteht und nicht zuordnen kann, warum es gerade den- oder diejenige erwischt.

Zur Beruhigung: Nicht die sporadische Tiefkühlpizza, nicht das einmalige Batterie-Hendl beim Dorffest, ja vielleicht nicht einmal der einmalige Genuss eines BSE-Schnitzels macht uns „wahnsinnig" oder sterbenskrank. Aber, ein Katzenleben lang ausschließlich und immer lebloses Dosenfutter, gefüllt mit „tierischen Nebenerzeugnissen", Lock- und Konservierungsstoffen zu fressen, macht die gesündeste Katze nicht gerade lebendiger. Auf den grundsätzlichen Lebensstil kommt es an. Und auf die ursprüngliche Größe des Fasses – versteht sich.

Hanfprodukte machen schlank

Nachsatz: Wenn man nicht zu viel davon isst. Was hier sogleich folgt, ist keinesfalls nur für Hanfprodukte gültig. Es gilt für alle natürlich erzeugten Lebensmittel.

Es gibt in der Natur und in naturnahen Systemen unendlich viele Dinge, die sich von selber regeln. So werden Sie in der freien Wildbahn so gut wie nie einen übergewichtigen Wolf vorfinden. Um mehr auf mitteleuropäische Verhältnisse bezug zu nehmen: Ein dickes Reh lebt nicht lange. Sie sagen, ein dickes Nilpferd gibt es sehr wohl. Richtig, es gibt praktisch nur dicke Nilpferde. Für jede Lebensart und in zweiter Linie für jedes Individuum gibt es ein Idealgewicht. Es gäbe einen natürlichen Regelmechanismus, den ich hier kurz beschreiben will. Jeder von uns kann frei entscheiden, ob er sich als Teil eines naturnahen Systems betrachtet oder sich lieber inmitten einer vollkommen synthetischen Welt sieht. Freilich, es gibt einen Mittelweg. Nur, dieser Mittelweg erzeugt fortan innere Konflikte, gute Vorsätze werden bereits am zweiten Jänner gebrochen und vergessen.

Der einfache Mechanismus lautet: Gesunder Boden, gesundes Korn, gesunder Körper, gesunder Geist, gesunde Seele. Meist wird nur der Zusammenhang Körper und Geist erwähnt. Die Geschichte beginnt jedoch viel früher. Es gibt in gesunden Böden einen mehr oder weniger hohen Humusgehalt. Der Humusgehalt schwankt normalerweise zwischen 2 und 8%. Humus ist gewissermaßen die lebende Schicht im Boden. Dort leben einerseits wichtige Kleinstlebewesen, andererseits werden dort Nährstoffe gespeichert, die dann kontinuierlich den Pflanzen zur Verfügung gestellt werden.

Ist so ein Boden im Gleichgewicht, so können sich die Pflanzen genau die richtige Menge an Nährstoffen holen, die sie für eine ordentliche Entwicklung benötigen. Nun hat man sehr früh damit begonnen, den Pflanzen in ihrem Wachstum auf die Sprünge zu helfen. Man hat ihnen einzelne Stoffe gegeben, die offensichtlich das Wachstum fördern. Man hat den Pflanzen noch ein paar andere Stoffe gegeben, damit sie wegen des rasanten Wachstums nicht umfallen oder vielleicht zu wenig Farbe entwickeln. Fest steht, man hat das Gesamtsystem Boden sträflich missachtet oder zumindest viel zu früh geglaubt, es durchschaut zu haben. Ein fataler Fehler, wie heute immer mehr Wissenschaftler erkennen. Richtig ist vielmehr, dass wir bis dato nur einen Bruchteil jener Vorgänge kennen, die sich im Boden abspielen.

Andere haben erkannt, dass man den Boden überhaupt nicht braucht, um rote Tomaten oder grüne Gurken zu erzeugen. Ein großer Anteil von typischen Glashausfrüchten wie die marktüblichen Tomaten und Gurken haben den Boden nie gesehen. Auf den ersten Blick hat man hier alles im Griff. Die Pflanze bekommt alles, damit sie schnell groß und schön wird. Kritiker meinen: „Das schmeckt man, die Dinger schmecken so wässrig, es fehlt der typisch erdige Geschmack sonnengereifter Tomaten aus dem Süden!" Gut, ich gehöre zu den Kritikern. Ich behaupte, solche Früchte sollte man auf keinen Fall essen, sie haben mit LEBENSmitteln nichts gemeinsam. Doch noch einmal zurück zu den Tomaten, die sozusagen auf dem Boden geblieben sind und mit denen dennoch irgendwas nicht mehr stimmt.

Die Früchte wachsen und bekommen dabei Probleme. Pilzkrankheiten treten auf oder Insekten vermehren sich wie wild. Dagegen gibt es Fungizide (Pilzgifte) oder Insektizide – für jede Pflanze das richtige Medikament. Jetzt kommt ein entscheidender Punkt: Es sind heute meist gar nicht mehr die Fungizide oder Insektizide, die uns Menschen krank machen. Die meisten heute für die Lebensmittelproduktion erlaubten „Pflanzenschutzmittel" sind relativ gut ausgetestet, was die Giftigkeit für den Menschen oder etwa für die Bienen betrifft (das war früher nicht so). Außerdem sind die Mittelchen in aller Regel meist gar nicht mehr nachweisbar. Es sind vielmehr die Pflanzen, die uns krank machen oder schwächen. Diese künstlich „hochgemästeten" Pflanzen haben einige Stoffwechselkrankheiten, die man so ohne weiteres gar nicht erkennen kann, weil sie entweder in Verarbeitungsprodukten gut verpackt sind, oder längst gegessen sind. Die Tatsache, dass ehrlich erzeugtes Biogemüse in Wahrheit länger frisch bleibt, muss hier nicht mehr erläutert werden.

Es geht hier um weitreichende Auswirkungen, die der Genuss solcher Früchte auf die Physiologie von Tier und Mensch hat. Es geht um Regelmechanismen, die in der Pflanze schon nicht mehr in Ordnung sind und sich dann bis hin zum Menschen potenzieren. Das ist der wichtigste Grund, warum der bewusste Mensch möglichst ausschließlich biologisch erzeugte Produkte zu sich nehmen sollte und von synthetisch erzeugten Früchten zur Gänze Abstand nehmen sollte.

Was hat das mit Kannibalismus oder mit Cannabis zu tun, könnten Sie sich an dieser Stelle wieder fragen. Wir stehen an der Spitze der Nahrungskette und schlucken so ziemlich alle Fehler, die am Beginn der Kette (die Photosynthese und das Wachstum der Pflanzen) gemacht werden, in höchster Potenz. Dazwischen fressen nämlich noch die lieben Tiere das ungesunde Zeug – mit oder ohne Tiermehl ist in diesem Zusammenhang einerlei. Kurzum, der „Wahnsinn" entstand wahrscheinlich lange bevor Tiermehl ins Gespräch kam.

Wie schon im Kapitel „die Cannabisdiät und andere Verkaufshits" erwähnt wurde, dass man instinktiv erkennen kann, wann der Körper Sauerkraut braucht, so erkennt er vor allem auch, wie viel Sauerkraut, Teigwaren oder auch Fleisch er braucht.

Im ungünstigen Fall zieht sich die Fehlernährung eben von der Pflanze über das Rindvieh, über unsere Kinder bis ins Alter durch. Die Pflanze bekommt zu viel Stickstoff, das Kind zu viel Zucker, die Pflanze wird krank und bekommt Pflanzenschutzmittel, das Kind wird krank und bekommt Vitamine oder handfeste Medikamente. Nur, die Ursachen zu erkennen oder diese gar aus dem Weg zu räumen, das ist im Nachhinein verdammt schwer. Es gilt, den grundsätzlichen Zusammenhang vom gesunden Boden bis hin zur gesunden Seele neu zu begreifen. Der gesunde und schlanke (schlank im Sinne von individuell richtig proportioniert) Körper ist nur ein Baustein auf dem Weg zum Gesamtkunstwerk.

Es gibt einige Pflanzen, die uns dabei helfen können, die eigenen Selbstheilungskräfte wiederzuentdecken, aufzurütteln und letztendlich zu nützen, um das eigene Gleichgewicht zu finden. Cannabis und hier im besonderen in Form von Hanföl – die Essenz aus dem Hanfkorn – ist eine solche Helferpflanze. Viele wunderbare Dinge werden etwa dem Hanföl, das man als einziges Öl ein Leben lang ohne Unterbrechung konsumieren darf, nachgesagt. Das Hanfkorn wird vielerorts bereits als Sojabohne des 21. Jahrhunderts bezeichnet. Das lässt einiges erwarten.

Die wahre Macht von Cannabis sativa

„Hemp" search now –
das Internet offenbart die aktuelle Dimension

Wahrscheinlich haben Sie schon einen Internetzugang. Wenn Sie hemp, Hanf oder Cannabis in eine der Suchmaschinen eintippen, werden Sie überrascht sein, was zu diesem Thema weltweit geboten wird.

Auf den ersten Blick werden Ihnen unzählige Websites auffallen, in denen die sofortige Legalisierung aller Cannabisprodukte befürwortet oder gefordert wird. Inzwischen gibt es ein weltweites Netzwerk an Menschen und Organisationen, die sich nämlich der vollkommenen Legalisierung von Cannabisprodukten verschrieben haben.

Auch ich glaube, es wird auf die totale Legalisierung hinauslaufen. Ganz einfach auch deshalb, weil Hanf als Rohstoff massiv nachgefragt werden wird. Es wird in Zukunft so viel Hanf angebaut werden, dass es vollkommen unmöglich sein wird, Industriehanf von den inhaltsstoffreicheren Sorten auseinander zu halten.

Von einer Legalisierung geht in Wahrheit auch keine große Gefahr aus. Mit einer totalen Freigabe von Cannabisprodukten wird die Häufigkeit von Missbräuchen nur unwesentlich steigen. Wer Hanf heute für Genusszwecke erwerben will, hat kein wirkliches Beschaffungsproblem. An jeder Ecke in jeder halbwegs großen Stadt gibt es Marihuana in verschiedenen Qualitäten. Für alle Menschen, die diese Pflanze für den Drogengenuss brauchen, würde es sicher deutlich billiger werden. Das Kraut dürfte wieder offiziell im Hausgarten wachsen und würde jenen natürlichen Stellenwert zurückerhalten, den es zur Zeit unserer Großeltern hatte.

Zum Thema Hanf im Internet will ich noch eines festhalten: Es wird dort sehr viel Hintergrundwissen und Geschichte vermittelt. Es werden die wahren Hintergründe für die beinahe Ausrottung dieses „Milliarden-Dollar-Krautes" aufgezeigt. Es war nicht die berauschende Wirkung dieser Pflanze, die zum Verbot geführt hat. Es ist in Wahrheit die mächtige medizinische Wirkung und, es ist die unendliche Potenz dieser Pflanze, fossile Rohstoffe zu ersetzen. Endlos lang ist die Liste jener Krankheiten, die Cannabis zu heilen und zu mildern im Stande ist. Endlos lang ist die Liste jener Produkte, die anstatt aus Erdöl auch mit und aus Hanf erzeugt werden können. Kurzum, Sie dürfen fast alle diese unglaublichen Geschichten glauben.

Für große Organisationen ist es schwierig, diese Pflanze monopolartig in den Griff zu bekommen. Jeder Biobauer kann Hanf als Heilkraut, für Lebensmittelzwecke oder für die Futtermittelgewinnung anbauen. Generell könnte die Landwirtschaft Hanf im großen Stil als nachwachsenden Rohstoff anbauen. So würde sie einen unermesslichen volkswirtschaftlichen Nutzen sowie eine weniger starke Abhängigkeit von Importen nicht erneuerbarer Rohstoffe stiften. Diese Entwicklung wird kommen – sie ist nicht mehr aufzuhalten. Nur, es gibt bei diesem Szenario sehr mächtige Verlierer, die sich sehr lange und sehr massiv wehren können. Das alleine beantwortet die Frage, warum denn der Hanf nicht schon längst überall wächst, wenn er wirklich so gut ist.

Die Versöhnung mit dem Tiermehl

War da von Futtermittel die Rede? Kühe sind nicht dumm, wie der Volksmund leider oft behauptet. Und, keinesfalls kannibalisch veranlagt. Erst dem Menschen gelang es, diese wertvollen Tiere dumm, kannibalisch und im wahrsten Sinne des Wortes „wahnsinnig" zu machen.

Nun ist es in der Praxis so, dass Kühe – sieht man von den Tieren auf den Almen ab – bei weitem nicht nur Gras und Heu fressen. Sie benötigen mehr oder weniger von dem sogenannten Kraftfutter, damit die Leistung stimmt. Das Kraftfutter ist ganz einfach nötig, damit die Kuh mehr Milch gibt. Sonst müsste der Konsument vielleicht 20 Schilling für den Liter zahlen – das will er nicht. Kraftfutter heißt im gesündesten Fall ein wenig Getreide, vermengt mit geschrotetem Soja und ein paar Spurenelementen. Richtig, wieder kommt hier die Frage auf, wie denn das Getreide oder die Sojabohne entstanden sind. Haben die Getreidekörner und die Sojabohnen jede Menge synthetische Dünge- und Pflanzenschutzmittel bekommen, oder sind sie wider Erwarten doch auf gesunden Humus-Böden auf dem richtigen Fleck Erde gewachsen? Wieder sei hier an den Zusammenhang erinnert, dass der Mensch am Ende der Nahrungskette steht. Viele Tiere werden nur deshalb nicht krank, weil sie eben lange davor geschlachtet werden. Dürften all die Turborinder, die superschnell wachsenden Mastschweine und Truthähne eines natürlichen Todes sterben, so wäre die Bilanz grauenvoll. Ein Problem für den Menschen entsteht dadurch, dass er diese potentiell kranken Tiere und deren Produkte isst. Das ist die Geschichte mit der Nahrungskette. Wir Menschen sterben eines natürlichen Todes und können es erwarten, bis uns die eine oder andere unangenehme, leidvolle Krankheit einholt, die wir dann dank moderner Medikamente mit erheblichem Aufwand hinauszögern, meist aber nicht mehr heilen können. Den Riesenspaß an der eigenen Gesundheit und am eigenen Körper haben die wenigsten alten Menschen in unserer modernen Welt.

Im heutzutage schlimmsten Fall bedeutet Kraftfutter eben auch Tiermehl. Ich betone „heutzutage", hätte doch Tiermehl – jetzt scheine ich mich auf den ersten Blick zu widersprechen – nicht von vornherein und nicht auf alle Fälle verwerflich, ungesund oder kriminell sein müssen. Werden die Knochen und Gedärme von einem gesunden Rind von gesunden Weiden zu Tiermehl verarbeitet, so wäre es nicht der Weisheit letzter Schluss, dieses Mehl zu verbrennen oder zu deponieren.

Im Gegenteil, es wäre auf alle Fälle ein sehr hochwertiges Hunde- und Katzenfutter. Auch die Nahrungskette würde stimmen, denn der Wolf (Hund) und der Tiger (Katze) stehen sehr weit dort oben in der Hierarchie. Sogar das Hendl (Geier) oder der Truthahn dürften zum Zug kommen. So manche Vogelart würde sich auch in der Natur über die Reste hermachen, die der Wolf übrig gelassen hat.

Eine Versöhnung mit dem Tiermehl? Ja, jedoch nicht hier und jetzt.

Status quo ist, Tiermehl wurde x-fach verfüttert. Der Dreck aus der gesamten Nahrungskette wurde x-fach kumuliert, die Kette dadurch mathematisch betrachtet x-fach prolongiert. Das unlustige daran ist: Am Ende trinkt immer noch der Mensch die Milch (diese ist dank der genialen Machart eines Kuheuters trotz allem verhältnismäßig rein) und isst immer noch der Mensch die Wurst oder das Fleisch.

Zurück zu den Rindern, für die Tiermehl für alle Zeiten tabu sein sollte. Nun sind extreme Hochleistungsrinder jedoch an extreme Energie- und Eiweißmengen gewöhnt. Diese Tiere leben nur sehr kurz und geben Milch auf Teufel komm raus. Mit der Hochleistung ist es sofort vorbei, wenn die Energiezufuhr unterbrochen wird. Mit der Wirtschaftlichkeit der Milchproduktion ist es dann ebenso schnell vorbei, wenn alles verboten wird, was gefährlich aber sehr billig ist. Alternative Lösungen sind gefragt.

Die Sojabohne wäre eine gute Lösung

Nach dem Tiermehl kommt in unserer modernen Zeit eine weitere sehr bedeutende Geschichte zum Tragen, die nicht minder viel Gefahr in sich birgt. Sie haben es erraten: Soja. Die Sojabohne ist im Grunde eine äußerst wertvolle Pflanze. Viele Leute schätzen Tofu, Sojamilch, Sojajoghurt und viele andere Köstlichkeiten aus dieser Eiweißpflanze. Leider gedeiht die Sojabohne hierzulande nicht gerade prächtig. Man praktiziert daher seit vielen Jahren den Import von Sojabohnen und Sojaschrot für die Futtermittelindustrie. Zu unser aller Leidwesen ist heute Soja für Futtermittelzwecke fast ausschließlich genmanipuliert. Macht nichts? Das fressen ja nur die Kühe, Schweine und Hühner. Im Fleisch kann man das sicher nicht nachweisen. Richtig, Tiermehl kann man im Steak auch nicht mehr nachweisen.

Lieber Leser, Sie werden mir zustimmen: Beim dritten Anlauf genügt der Hinweis, dass es wieder ganz entscheidend sein wird, wie und mit welchen Mitteln Sojabohnen erzeugt, verarbeitet, konserviert und letztlich den Rindern verabreicht werden. Weit ist die Zeit jedoch vorangeschritten – beim Soja.

Es ist jetzt wieder an der Zeit, dass Menschen mit Hausverstand, mit viel Einfühlungsvermögen für die nicht zu 100 Prozent nachgewiesenen Dinge zwischen Himmel und Erde und mit ethischem Verantwortungsgefühl an die Macht kommen. Wir brauchen keine Beweise dafür, dass gentechnisch veränderte Pflanzen enorme Gefahren bringen. Die Vorteile derart veränderter Pflanzen sind für das Leben auf dieser Erde einfach nicht existent. Den Nutzen aus dem Spiel zieht jemand anderer. Am Beispiel der Sojabohne kann man das globale Spiel am besten beobachten. Saatgut gibt es bei ganz wenigen Firmen, die dazugehörigen Pflanzenschutzmittel gibt es bei ganz wenigen Firmen und schließlich die Rohstoffe für die Futtermittelerzeugung gibt es bei ganz wenigen Firmen. Dann gibt es die Menschen, die Nahrungsmittel kaufen. Richtig, die Nahrungsmittel gibt es inzwischen de facto nur von verhältnismäßig wenigen Firmen. Trotz der enormen Vielfalt in den Supermärkten von heute, sind die Produkte extrem einseitig, arm an Vitalstoffen, dafür reich an Lebensmittelzusatzstoffen. Gerade sechs bis acht Prozent der heute erhältlichen Nahrungsmittel sind als frisch und vital einzustufen. Der durchschnittliche Konsument hat in der Regel nicht – wie behauptet – die Wahl.

Wenig Vitalstoffe implizieren geradezu ein schwaches Immunsystem, viele synthetische Zusatzstoffe bedeuten mit Sicherheit eine Irritation des körpereigenen Regulationssystems. Trotzdem werden wir immer älter, heißt es dann. Ja, aber mit welchem Aufwand? Und, wie gesund sind die Alten wirklich? Auf alle Fälle gibt es dann wieder ganz wenige Firmen, die uns die nötigen Medikamente bereitstellen. Soweit ist das alles ganz logisch. Der Haken an der Geschichte: Es sind immer die gleichen ganz wenigen Firmen.

Dann gibt es da draußen bei Heidi auf der Alm Kühe, die gerade so viel Milch geben, wie es ihrem Naturell entspricht. Sie sind so gut wie nie krank. Auch die Menschen dort sind so gut wie nie krank. Überhaupt gibt es Menschen, die sind nie krank. Sie leben eigentlich auf den ersten Blick ganz normal, rauchen vielleicht auch ab und zu eine Zigarette, atmen die selbe Luft und dennoch brauchen sie nie ein Medikament. Was macht diese Menschen aus? Sie bewegen sich regelmäßig, achten auf die Art und die Herkunft ihrer Lebensmittel und haben oft eine etwas andere geistige Einstellung zum Leben. Wichtig, sie essen vielleicht nicht einmal Hanfprodukte. Im Gegenteil, es ist sogar ziemlich unwahrscheinlich, dass der „Almöhi" regelmäßig Hanfnudeln isst. Da ist noch eher wahrscheinlich, dass er zur Sonnwendfeier das spezielle Kraut in die Pfeife steckt und daraufhin mehr lacht als sonst.

Kurzum, über die Menschen in den Bergen und um die Kühe dort oben brauchen wir uns – zumindest was die natürliche Ernährung anbelangt – meist keine Sorgen machen. Sie sind mit allen wichtigen Dingen bestens versorgt. Weder Tiermehl, noch Sojaschrot oder gar Hanf werden dort oben benötigt. Mit den Kühen und den Menschen hier unten im Tal sieht es ein wenig anders aus (die Reihung kommt wieder aufgrund der Nahrungskette).

Wie die Kühe Cannabis fressen lernen

Auch die meisten Kühe im Tal haben noch nicht erfahren, wie Cannabis schmeckt. Und das, obwohl sie es dringend benötigen würden. Dass es den Kühen schmeckt, dürfen Sie mir an dieser Stelle glauben. Dass sich der Hanfpresskuchen[4] aufgrund seiner hochwertigen Zusammensetzung bestens für die Misch- und Kraftfuttererzeugung eignet, ist ein Faktum.

Wieder stellt sich die Frage, warum die Kühe nicht schon längst Hanfkuchen fressen. Er ist aufgrund zu geringer Mengen noch zu teuer. Die Folge wären höhere Milch- und Fleischpreise, die wiederum niemand zu zahlen bereit wäre.

Ein kühnes Szenario: Die Bio-Cannabis-Milchkuh gibt jahrelang gesunde frische Milch und wird, nachdem sie jedes Jahr mindestens ein gesundes Kalb zur Welt gebracht hat, geschlachtet, zu Tiermehl verarbeitet, das dann in der Zementfabrik oder zur Stromerzeugung verbrannt wird? Nein, eben genau das soll nicht passieren. Viele werden jetzt aufschreien, wenn ich die Versöhnung mit dem Tiermehl

---

[4] Hanfpresskuchen entsteht wie bereits erwähnt bei der Hanfölgewinnung als Nebenprodukt; der Presskuchen ist eiweißreich, enthält noch nennenswerte Mengen an Hanföl und darüber hinaus wertvolle Enzyme, Spurenelemente und Vitamine.

abschließe. Dieses Tiermehl kann mit gutem Gewissen an unsere Hauskatzen genauso wie an unsere Kampfhunde verfüttert werden, ohne dass die guten Tiere allergisch, aggressiv, depressiv oder eben wahnsinnig werden. Auch an Geflügel und unter gewissen Auflagen an Schweine dürfte man solcherart erzeugtes Tiermehl verfüttern. Die Produktionsweise stimmt, die Nahrungskette stimmt. Alles stimmt und das nur, weil die Kuh lernt, wie Cannabis schmeckt?

Für die nahe Zukunft wird es unausweichlich nötig sein, sogar auch das Tier- oder Fleischmehl kontrolliert biologisch und sortenrein zu erzeugen. Unter Einhaltung der weiter oben skizzierten elementaren Grundregeln sollte dieses Tiermehl auch in der Biolandwirtschaft zum Einsatz kommen. Geschieht dies alles nicht, so ist die biologische Landwirtschaft auch weiterhin an der Erzeugung von Sondermüll beteiligt (so ist derzeit Tiermehl zu betrachten) – und das ist alles andere als biologisch, geschweige denn nachhaltig.

Hanf, die Pflanze mit und für Charisma

Charisma ist ein schönes Wort. Man ist was man isst – oft zitiert und ewig wahr ist dieser Satz. Sie werden wahrscheinlich schon heute erkennen, wer von ihren Freunden und Bekannten oder wer von den Menschen, die Sie so auf der Strasse treffen, mit seinem Körper einigermaßen im Gleichgewicht ist oder im ungünstigen Fall weit davon entfernt ist.

Sie werden bald auch die notorischen Schweinefleischesser von den gemäßigten und bewussten Fleischgenießern unterscheiden können. Auch die echten Vegetarier – es werden immer mehr – kann man mit einiger Übung mit großer Treffsicherheit erkennen.

Die ganze Natur ist voller Analogien. Ob es die Griechen waren, die da behaupteten, die Walnuss sei gesund für unser Gehirn, oder ob es die heilige Hildegard von Bingen war, die den Beinwell als besonders heilend bei Verstauchungen gutgeheißen hat, ist hier nicht so entscheidend. Hund und Herr werden sich immer ähnlicher, weil sie den ganzen Tag gemeinsam unterwegs sind. Das Schwein bekommt einen festeren Speck, wenn es viele Getreidekörner zu Fressen bekommt. Was passiert, wenn wir Menschen Hanf als Lebensmittel konsumieren?

Hanf wächst am Anfang sehr langsam und ist sehr anspruchsvoll, was den Standort und die Bodenqualität angeht. Passt der Boden nicht, so wächst der Hanf kümmerlich dahin – er leidet fast mehr als viele andere Pflanzen. Passen dagegen Boden, Wasser- und Nährstoffversorgung einigermaßen, so ist diese Pflanze beinahe nicht mehr zu bremsen. Hat er die Höhe von knapp einem Meter erreicht, so wächst er oft mehrere Zentimeter pro Tag und ist nach 100 Tagen bis zu sieben Meter hoch. Die Pflanze wirkt schon im zarten Jugendalter frech, vielschichtig, auf alle Fälle interessant. Sie wächst dem Unkraut, nachdem sie eine kritische Größe erreicht hat, für immer davon – ohne dass irgend ein Gift nötig wäre. Die weiblichen Pflanzen haben dann einen mächtigen Stamm mit mehreren Zentimetern Durchmesser entwickelt, der – wenn man ihn lässt – den ganzen Winter stehen bleiben könnte. Die männlichen Pflanzen werden nicht ganz so mächtig und sterben – wie in der Natur oft üblich – früher ab, nachdem sie ihren Beitrag zur Fortpflanzung geleistet haben.

Ja, es ist noch zu früh, um Rückschlüsse auf die Auswirkungen auf uns Menschen nach dem regelmäßigen Genuss von Hanflebensmitteln zu machen. Hanf wird für uns Menschen in absehbarer Zeit bemerkenswerte Auswirkungen haben, das ist der Grundtenor dieses Buches. Anhand einiger Beispiele soll diese These verdeutlicht werden.

Die hanfindustrielle Revolution

Wo beginnen die Menschen, Hanf im großen Stil einzusetzen? Wer beschäftigt sich schon heute damit? Was liegt am nächsten? Was ist am nötigsten? Sind es die Eiweißpulver für die Fitnessbegeisterten, die für viele sehr überraschend tierische Nebenerzeugnisse aus kannibalischen Tierbeständen enthielten. Die Proteine aus dem Hanfsamen stellen eine geradezu ideale Alternative dar. Oder ist es doch der Hausbau, bei dem mancherorts nicht minder krankmachende Substanzen im Einsatz waren und so spätestens beim Abriss der kurzlebigen Bauten ein immenses Entsorgungsproblem verursacht? Gerade beim Hausbau könnte Hanf sehr vielfältig verwendet werden. Es lassen sich hervorragende Dämmmaterialien und feste Platten erzeugen, ebenso können Hanffasern die Bruchfestigkeit von Beton drastisch erhöhen.

Die Teilnehmer an dem weiter oben skizzierten weltweiten Netzwerk für den Hanf wissen oft nicht, wo sie angesichts der unendlich vielen Ideen beginnen sollten. Ideen für neue Produkte gibt es in der Tat für die nächsten 20 Jahre. Von der Umsetzung einer Idee bis zur erfolgreichen Vermarktung ist bekanntlich ein weiter Weg. So manch „kleiner Fisch" im großen Netz läuft heute Gefahr, nur als Ideenspender ausgenutzt zu werden.

Die zweifelsohne geniale Idee etwa, geschälte Hanfsamen[5] in den Brotteig zu mischen, wurde bereits 1998 von jenem Salzburger Bäcker in die Wirklichkeit umgesetzt, der seit über 20 Jahren Vollkornbrot in bester Bioqualität erzeugt. Binnen sechs Monate gab

---

[5] Eine vollkommen neue Technologie hat es ermöglicht, das kleine Hanfkorn von seiner doch sehr harten Schale zu befreien. Diese Technologie eröffnet dem Hanfsamen ein immens großes Anwendungsfeld vor allem in der Lebensmitteltechnologie.

es in der Folge in ganz Österreich vom Bodensee bis zum Neusiedlersee ein sogenanntes „Hanfbrot" basierend auf einer Fertigteigmischung. Dank des nennenswerten Werbeaufwandes machte dieses billige Imitat mit vernichtend geringem Hanfsamenanteil in kurzer Zeit von sich reden und verkaufte sich für einige Wochen ganz gut. Ende 2000 war es fast nirgends mehr zu finden. Lediglich die kleine Bäckerei in Salzburg verkauft immer mehr von dieser, dank des hohen Hanfsamenanteils, herrlich schmeckenden und ernährungsphysiologisch unerhört wertvollen Brotsorte.

Ähnlich verhält es sich mit einem anderen Produkt aus Salzburg. Ein Bauer aus Oberndorf erzeugt seit 1997 Teigwaren aus Hanf und Dinkel. Diese Teigwaren sind völlig frei von Weizen, frei von Gleitmitteln und frei von Antioxidationsmitteln. Daher werden diese Teigwaren vor allem auch von allergischen Menschen gerne gekauft. Die Reinheit des Produktes war wohl auch ausschlaggebend dafür, dass gerade diese Teigwaren von einer britischen Firma inzwischen Tonnenweise gekauft werden, obwohl sie um rund 40 Prozent teurer sind als andere Teigwaren mit dem Titel „Hanf". Die britischen Inseln sind eben einigermaßen geläutert. 25 Prozent der Jugendlichen nennen sich Vegetarierer. Eine Trendumkehr ist nicht in Sicht.

Hanfkuchen, -öl, -nudeln aber auch spezielle Fruchtsaftzubereitungen mit diversen Inhaltsstoffen aus der weiblichen Hanfblüte genießen bei gut informierten Menschen immer größeren Zuspruch. Die meisten dieser Produkte sind in der erwünschten Qualität und in der naturbelassenen Machart bislang nur im Direktvertrieb erhältlich. Auch wenn der höchste Standart im Hinblick auf Gesundheitswert und ernährungsphysiologischer Wertigkeit in der industriellen Fertigung oft angestrebt wird, bleibt dieses Niveau bei der großtechnischen Umsetzung vor allem aus Kostengründen meist unerreicht.

Wo bleibt dann die hanfindustrielle Revolution, wenn dieses Thema nur Kleinstbetriebe und Biobauern aufgreifen? Sie kommt. In den Labors wird geforscht und entwickelt. Man will sich die Finger nicht mehr mit Eintagsfliegen verbrennen. Hanfprodukte sollen nicht die ohnehin ausufernde Floprate weiter erhöhen.

Die Revolution beginnt dezentral und unmerklich. Sie beginnt jedoch in den verschiedensten Branchen und Produktionssparten. Der Durchbruch wird dann erfolgen, wenn sich die richtigen Partner an einen Tisch setzen, um Hanf gemeinsam salonfähig zu machen. Ein billiges Hanfbier auf den Markt zu bringen, weil es gerade dem Zeitgeist entsprechen könnte, geht als unglaubwürdiger Marketinggag in die Geschichte ein.
Unabhängig von der Entwicklung in der Industrie, zieht der Hanf ausgehend von kleineren Netzwerken immer weitere Kreise. Die Käufer der Produkte sind gut informiert und sind bereit, für das reine, naturbelassene Produkt einen fairen Preis zu zahlen, der allen Beteiligten ein gewinnbringendes Arbeiten ermöglicht.

Das BSE-Fleisch ist schon gegessen

Sie kennen die Pessimisten. Sie behaupten es sei ohnehin alles egal. Tschernobyl, Autoabgase und das Ozonloch machten ein gesundes Leben praktisch unmöglich. Es sei ziemlich belanglos, was man isst, überall seien die Gifte drinnen.

Die Optimisten, zu denen ich mich zähle, sehen die Situation freilich völlig anders. Für mich gilt die Fasstheorie! Ob das individuell mehr oder weniger große Ding überläuft oder eben nicht, entscheidet jeder selber. Die Hysterie rund um das Thema BSE ist einerseits wichtig und vermutlich heilvoll, andererseits kommen die Maßnahmen zu

Beginn des Jahres 2001 viel zu spät. Für den heute lebenden Menschen ist es kaum von Bedeutung, ob auch in Österreich ein, mehrere oder hundert BSE-Rinder entdeckt werden. Der maßgebliche Konsum eventuell infizierter Produkte ist in den letzen 20 Jahren passiert – es ist schon gegessen. Es gilt als sehr wahrscheinlich, dass in benachbarten Ländern verstärkt, auf der Insel Österreich vermutlich weniger oft, diverse schwer durchschaubare Leiden zunehmen. Ob auch bei BSE die Fasstheorie zum Tragen kommt, oder im unangenehmsten Fall der einmalige Genuss unausweichlich zu einer Erkrankung führt, bleibt beim heutigen Wissensstand eine Glaubensfrage.

Die Tatsache, dass die Krankheit bisher nur bei Schafen und Kühen nachgewiesen wurde, mag für viele Menschen ein willkommener Anlass sein, auf andere Fleischsorten umzusteigen. Immer mehr Menschen werden jedoch dazu übergehen, den eigenen Fleischkonsum im Hinblick auf Menge und Qualität völlig zu überdenken. Eine entscheidende These dieses Buches soll heißen, dass BSE oder ähnlich unangenehme Erscheinungen keinesfalls auf Rinder und Schafe beschränkt bleiben werden. Es geht viel wahrscheinlicher um unsere gesamte Nahrungskette und um unser Konsumverhalten, das jeder bewusste Mensch für sich nach Schwachstellen überprüfen wird müssen.

Cannabis gegen BSE

Die Kapitel werden immer ernster. Behauptet wird hier nicht, dass Hanf den Rinderwahnsinn oder ähnliche Erkrankungen des Nervensystems heilen könnte.

BSE und verwandte Krankheiten sind bis dato verhältnismäßig schlecht erforscht. Man weiß, dass es sich um Prionen handelt. Es sind dies Eiweißkörperchen, wie sie seit Urzeiten existieren. Bestimmte Prionen sind offensichtlich höchst infektiös und bringen Krankheitsbilder, die der modernen Zivilisation das Fürchten lernen. Über den Ursprung, den Ablauf oder etwa über die Inkubationszeit weiß man – darf man der offiziellen Wissenschaft Glauben schenken – so gut wie nichts.

Es wurde in diesem Buch von elementaren Fehlern gesprochen, die der Mensch vor allem im Umgang mit Nutztieren begangen hat. Lassen wir es dabei bewenden und gehen wir davon aus, dass irgendwo im Umfeld der industriellen landwirtschaftlichen Produktionsmethoden eine oder mehrere Ursachen liegen, deren Auswirkungen wir heute spüren und in Zukunft noch mehr spüren werden. Die Ursachen im Detail aufzuspüren, wird nur sehr schwer möglich wenn nicht gar unmöglich sein.

Ich habe behauptet, dass Fleisch aus industrieller Tierhaltung Stoffe enthält, die dem menschlichen Organismus nicht dienlich sind. Insbesondere reagieren das menschliche Nervensystem und das Immunsystem mitunter recht sensibel auf diese unbekannten Stoffe.

Die logische Konsequenz daraus ist, dass sich viele Menschen nach dem reinen Lebensmittel sehnen. Sie halten nach dem Ausschau, was am gegenüberliegenden Ende des „Wahnsinns" verfügbar ist. Von Analogien war die Rede. Walnüsse seien gut für das Gehirn und für die Nerven. Daran besteht heute kein Zweifel. Walnüsse sind jedoch nur begrenzt verfügbar und verderben relativ rasch. Das gepresste Öl aus der Walnuss ist darüber hinaus so teuer, dass es für eine Verwendung im Haushalt nicht in Frage kommt. Der Hanfsame ist botanisch gesehen ebenfalls eine Nuss und enthält eine ganze Reihe von essentiellen Fettsäuren sowie Fettbegleitstoffen, die für den menschlichen und für den tierischen Organismus von herausragender

Bedeutung sind. So enthält Hanföl etwa als einziges Speiseöl die essentielle Gamma-Linolensäure (GLA). Diese seltene Fettsäure ist auch in der Muttermilch enthalten. Ein positiver Zusammenhang zwischen Hautgesundheit und der Zufuhr von GLA gilt als erwiesen.

Hanföl enthält darüber hinaus vor allem auch einen hohen Anteil an Alpha-Linolensäure (ALA). Diese Fettsäure zählt zu den sogenannten Omega-3-Fettsäuren. Seit Jahren ist ein günstiger Effekt von Omega-3-Ölen auf unser Herz-Kreislauf-System bekannt. Omega-3-Fettsäuren findet man in der Natur vor allem auch im Fischöl und in Kaltwasserfischen. Inzwischen gibt es immer mehr Hinweise, dass Omege-3-Öle auch vorbeugende Effekte gegen verschiedenste Krebsarten haben. Abgesehen von den speziellen Inhaltsstoffen des Hanföls, muss an dieser Stelle ganz allgemein die positive Wirkung vieler pflanzlicher kaltgepresster Öle erwähnt werden. Es sind nicht zuletzt auch die vielen Fettbegleitstoffe, wie etwa das Lecithin, das wiederum auf unser Nervensystem positiv wirkt und bei der Nervreizleitung eine tragende Rolle spielt.

Gerade bei den Fetten ist die Entstehungsgeschichte von ganz großer Bedeutung. Jedes Lebewesen – so auch jede Pflanze – speichert Giftstoffe vorwiegend in den Fettzellen. Ölpflanzen entziehen dem Boden Schwermetalle, organische Schadstoffe sowie Rückstände von Pflanzenschutzmitteln und lagern diese in den Fettzellen ab. Wird nun von einer solchen mit Schadstoffen angereicherten Ölpflanze durch das sogenannte Extraktionsverfahren[6] billiges Speiseöl erzeugt, so bleiben fast nur die reinen Fettsäuren übrig. Es entseht so

---

[6] Bei der Extraktion wird über den eigentlichen Pressvorgang hinaus Hexanol (benzinartige Erdöl-Fraktion) als Lösungsmittel verwendet. Das erhöht die Ölausbeute ganz wesentlich. Bei der anschließen Filtration und Schönung des Öles werden alle unerwünschten Stoffe und auch die ernährungs-physiologisch wertvollen Fettbegleitstoffe vollkommen entfernt.

ein ziemlich geschmackloses, von Vitalstoffen völlig befreites Öl. Einem solchen Speiseöl fehlen darüber hinaus auch wichtige Enzyme, die der menschliche und auch der tierische Organismus bei der Fettverdauung bräuchte. Die Gefahr, dass in Zukunft auch solcherart Hanföl auf den Markt kommt, ist sehr groß und sehr real. Dieses Öl enthielte zwar noch die wertvollen Fettsäuren vom Hanfsamen, die wichtigen Begleitstoffe fehlten jedoch.

Kaltgepresstes Hanföl ist aus ernährungsphysiologischer Sicht das wertvollste Öl, das man darüber hinaus ein Leben lang einnehmen kann, ohne dass der Körper Abwehrerscheinungen zeigen wird.

Der Dorfmetzger verkauft Cannabisprodukte

Der Metzger lässt dem König die Wahl: Fleisch, Cannabis oder beides gemeinsam. So widersprüchlich diese beiden Kategorien von Lebensmitteln sind, so gut ergänzen sie sich. Hanfteigwaren etwa stellen eine geradezu ideale Beilage zum Fleisch dar.

Teigwaren gemischt mit Fleisch? Das widerspricht doch der allseits bekannten und oft gelobten Trennkost? Ich habe schon eingangs erwähnt, dass Sie auf die Trennkost ziemlich sicher verzichten werden können. Die menschlichen Verdauungsorgane wissen sehr wohl mit der zugeführten Nahrung etwas anzufangen, wenn Eiweiß, Fett und Kohlehydrate gleichzeitig in den Magen kommen. Ja, unsere Verdauungsorgane sind geradezu dafür geschaffen, diese verschiedenen Komponenten gleichzeitig aufzuschließen. Die meisten naturbelassenen Lebensmittel enthalten nämlich durchwegs alle diese drei Komponenten gleichzeitig. Selbstverständlich gilt der Hinweis:

---

[7] Essentielle Aminosäuren muss man dem Körper über die Nahrung zuführen, da er diese nicht selber produzieren kann. Aminosäuren sind die „Bausteine des Lebens". Jedes Gewebe - vom Fingernagel bis zum Knochen – ist aus Aminosäuren aufgebaut.

Wenn Sie an bestimmten Tagen das Gefühl haben, Sie wollen zum Fleisch nur Salat oder zum Käse kein Brot, so handeln Sie danach und verlassen Sie sich darauf, dass Ihr Körper die richtigen Signale gibt. Auf die strikte Trennung eiweißbetonter Lebensmittel (Fleisch) von kohlehydratbetonten Produkten (Teigwaren) können Sie jedoch mit ruhigem Gewissen verzichten.

Schlecht verdaulich sind Nahrungsmittel in erster Linie ja dann, wenn es sich um minderwertige Produkte handelt. Handelt es sich um billiges Fleisch, billiges Speiseöl oder um wertlose Halbfertiggerichte, so rebelliert der sensible Magen auf alle Fälle – egal ob mit oder ohne Trennkostprinzip.

Das Hanfkorn enthält – wie im übrigen die Kartoffel auch – alle essentiellen Aminosäuren[7]. Während die Kartoffel diese wichtigen Eiweißbausteine nur in der Schale enthält, sind sie beim Hanf im Inneren des Korns enthalten. In unseren Breiten gibt es darüber hinaus keine Pflanzen, die eine so hochwertige und vollständige Eiweißversorgung garantieren könnten. Die Schale der Kartoffel landet – abgesehen von den Frühkartoffeln – jedoch samt den wertvollen Proteinen im Biomüll. Es bleibt also der Hanf übrig, der Fleisch theoretisch und praktisch ersetzen kann.

Ein Rezept könnte lauten: Am Wochenende, wenn der Körper Zeit hat, ausgiebige Speisen zu verdauen, kommt das beste Fleisch auf den Tisch. In der stressigen Mittagspause dagegen greift man zu leicht verdaulichen und nicht minder hochwertigen Produkten wie etwa Hanfnudeln. Während der Körper nämlich einiges an Energie, Sauerstoff und schließlich auch Zeit benötigt, um Fleisch ordentlich zu verdauen, saugt er gesunde Teigwaren in kurzer Zeit buchstäblich wie ein Schwamm auf. Das merken Sie besonders dann, wenn Sie regelmäßig Sport betreiben – egal ob Schach oder Tennis.

Ein gewöhnlicher Fleischhauer verarbeitet und verkauft Fleisch. Ein für die heutige Zeit vielleicht noch ungewöhnlicher Fleischhauer versorgt seine Kunden mit all den guten Dingen rund um den Fleischgenuss. Hochwertige Öle gehören da schon lange zum Sortiment. Cannabisprodukte sind dagegen so neu, dass die Verbindung zum Fleisch bis jetzt nur wenigen „Eingeweihten" wichtig erscheint.

Das Jahrhundert der Frauen

Die eigene Festung verteidigen

Georg Orwell´s „Big Brother" ist mit 15-jähriger Verspätung nun doch noch Realität geworden. Telefonate, e-mails, die im Internet abgerufenen Seiten und so ziemlich alle persönlichen Daten eines jeden Menschen können heute – wenn es darauf ankommt – abgefangen und gespeichert werden. Sogar von der Erfassung aller unserer Gene sind wir, was die wissenschaftlich-technischen Voraussetzungen betrifft, nicht allzu weit entfernt.

Wen kümmert das? Dient dieses hohe technische Niveau nicht in erster Linie dazu, Verbrechen aufzuklären oder auch Krankheiten auszumerzen? Wie fast alle technischen Errungenschaften dienen auch die neuesten Entwicklungen potentiell beiden Seiten – dem Guten und dem Bösen. Nur was ist Gut und was ist Böse? Was ist Unkraut und was ist nützlich? Das sind die Fragen, mit denen wir nie ans Ende kommen werden. Das Unkraut ist einmal gut und aus einem anderen Blickwinkel ist es dann wieder schlecht. Es gibt auf lange Sicht keinen Nachteil, der nicht auch zum Vorteil werden könnte – wenn man es bewusst oder zumindest unbewusst, erkennt und dann auch noch nützt. Alles hat seine zwei Seiten.

War das Ziel möglichst große Mengen an Lebensmitteln zu möglichst niedrigen Preisen zu erzeugen und möglichst vielen Menschen anbieten zu können ein grundsätzlich böser Gedanke? Mitnichten, man war stolz darauf, die Ernteerträge jedes Jahr zu steigern. War es nicht eine Glanzleistung, Baumwolle in derart großen Mengen zu erzeugen, dass heute fast alle Menschen Hemden und Hosen tragen können? Aus den vergleichsweise harten Hanffasern hätte man mit der damaligen Technologie kaum eine so rasante Entwicklung der Textilindustrie erreicht. Hätten wir überhaupt das heutige technische Niveau erreichen können, wenn wir uns nicht kontinuierlich von der Natur entfernt hätten? Würden wir noch immer den Pflug mit den Büffeln ziehen und in Lehmhütten ohne Strom hausen? Hätten, würden, wären, das sind bekanntlich genaue jene Worte, die uns nicht weiterbringen.

Ich sehe da große Zyklen. Wir bewegten uns für Jahre, Jahrzehnte oder gar Jahrhunderte weg von der Natur. Dann kam und kommt wieder die Zeit, in der sich die Menschheit mit all ihren technischen Möglichkeiten auf die Natur zurückbesinnt und diese als Partnerin erkennt. Man begreift dann langsam wieder, dass es Zeit und – in jeder Hinsicht – sehr viel Energie kostet, gegen die Natur zu arbeiten. Man begreift die Natur wieder als Lehrerin und Muster, nicht nur für weitere technische Neuerungen (sehr viele technische Errungenschaften sind der Natur entlehnt), sondern auch und vor allem für die kleinen alltäglichen und ganz persönlichen Dinge.

In diese Zeit sind wir eingetreten, vorerst mehr im kleinen, auf lange Sicht aber auch im großen. Im kleinen heißt: Immer mehr Menschen begreifen, dass es gut ist, in Häusern zu leben, die möglichst natürlich gebaut sind. Wir begreifen, dass es Sinn macht, Textilien anzuziehen, die mit unserem Körper harmonieren und nicht „allergische Blüten" auf der Haut hervortreiben. Wir verstehen den positiven Zusammenhang zwischen Fitness und möglichst naturbelassener Ernährung. Umgekehrt fühlen wir uns ohnmächtig gegenüber den Vorgängen außerhalb unserer vier Wände, ja sogar außerhalb unseres Körpers.

Wir ziehen uns daher auf unsere vier Wände und auf unseren Körper zurück, dort wo im Prinzip jeder von uns wirklich entscheiden kann. Interessant ist dabei die Tatsache, dass es vorrangig die Frauen sind, die diesen Trend bestimmen. Das Bildungsniveau der Frauen steigt ständig. Zum ersten Mal in der Geschichte werden bald mehr Frauen als Männer ein Universitätsstudium abschließen. Die höhere Bildung gepaart mit der hochgepriesenen emotionalen Intelligenz und Kompetenz des weiblichen Geschlechts sind wohl die Hauptursachen dafür, dass vor allem die Frauen diese so wichtigen Umwälzungen vorantreiben. Frauen informieren sich ausgiebig, greifen oft instinktiv zum natürlicheren Produkt und bringen es dem gestressten und getriebenen Ehemann schonend bei.

Der eigene Körper, das ist die letzte Festung, die es zu verteidigen gilt. Es gibt viele „Strategieberater", die uns dabei nützliche Entscheidungshilfen geben können. Das „wie" sollte dann jeder Mensch für sich entscheiden. Diesen Rückzug auf den eigenen Körper vollziehen in den letzten Jahren weltweit Millionen von Menschen. Gehört man nicht gerade zu jenem Menschenschlag, der Cannabis in der bislang verbotenen Form für sich nützt oder damit sogar Geschäfte macht, so hat man die ständige Beobachtung – wie in Georg Orwells „1984" skizziert – nicht zu befürchten.
Eine ganze Generation greift diese Trends immer stärker auf. Hat man dann erst einmal wieder die Gesundheit und Ausgeglichenheit für sich und vielleicht auch noch für die unmittelbare Umgebung „gepachtet", kann man sich in aller Ruhe an „auswärtige" Ziele heranmachen. Die im kleinen funktionierende Strategie denkt man immer öfter auch im großen und findet dabei immer leichter Gleichgesinnte.

Unter den heutigen Voraussetzungen kommen in fast allen Bereichen Dinge ans Licht, die vorher niemand für möglich gehalten hätte. Ein Skandal jagt den anderen. Ein Wahnsinn folgt dem anderen. Parallel dazu gibt es eine Vielzahl an Menschen, die schon lange an den Antworten auf die verschiedensten Fragen gearbeitet und viele Lösungen bereits in der Schublade haben.

Auf einmal verändern sich Dinge in dieser Welt sehr rasant. Man stellt fest, dass es in Wahrheit gar kein Problem darstellt, gesunde naturbelassene Produkte in großen Mengen herzustellen. Man kommt dann rasch auf die Idee, das nicht Gen-Soja aus Brasilien das verrufene Tiermehl ersetzen soll, sondern eben Hanf. Oft geht es gar nicht mehr um wissenschaftlich nachgewiesene Tatsachen. Eine ganze Generation spürt intuitiv: „Nein, Soja kann es doch nicht sein!"

Lebensmittel, Textilien, Häuser, Autos und alle anderen Dinge, die unser Dasein begleiten, werden wir so gestalten können, dass ein möglichst schonender Umgang mit den nicht nachwachsenden Ressourcen gesichert ist. Das ist in letzter Konsequenz eine globale, ökologisch und ökonomisch richtige Vision. „Think big and green" würde diese Vision im Englischen lauten. Aus der Vision leiten sich Ziele ab, immer neue Ziele. Die Vision zeigt uns den Weg und bringt uns die richtigen Aufgaben.

Frauen reden über Männer

Das ist die eine Seite. Männer reden jedoch mehr über Frauen, als Frauen über Männer. Männer reden vielleicht auch viel übers Geschäft und über Politik, manchmal auch über den Sport: „Wie lange hast du für die 1000 Höhenmeter gebraucht; wie lange hast du für den Marathon gebraucht?" Männer diskutieren in ihrer Freizeit manchmal auch darüber, dass es besser sei, weniger zu rauchen. Männer unterhalten sich jedoch weniger oft über gesundes Essen und kümmern sich bei weitem nicht so um die eigene Gesundheit wie es die Frauen tun.
Erwachsene Frauen reden viel über Kinder und diskutieren über Familie und Partnerschaft. Ein ganz großes Thema ist traditionell auch die Idealfigur, für die Frauen unglaubliches zu leisten gewillt und imstande sind. Viele Dinge empfiehlt man sich gegenseitig, die meisten Dinge funktionieren leider nicht. Kinder, Stress und alltägli-

che Sorgen lenken die Energie von den eigenen Vorsätzen ab. Frauen wissen und reden immer mehr darüber, was dem eigenen Körper denn wirklich gut tun könnte und was wirklich gesunde Ernährung bedeutet.

Fragt man Frauen heute danach, was sie denn so essen, bekommt man als erste Antwort fast immer „wenig Fleisch" zu hören. Ja fast könnte man den Eindruck gewinnen, als sei der hohe Fleischkonsum und die dadurch entstandenen Probleme einzig und allein durch das männliche Geschlecht heraufbeschworen worden. Man könnte glauben, die meisten Frauen würden vegetarisch leben, wären da nicht die lästigen Männer zuhause. Sind es aus Sicht der Frauen allein die Männer und die kleinen Kinder, die unbedingt Fleisch brauchen, um keine Unterversorgung an lebensnotwendigen Stoffen zu riskieren?

Gehört es inzwischen tatsächlich zum guten Ton, zu behaupten, weniger Fleisch und wenn, dann nur gutes Fleisch vom Biobauern zu essen, während vor nicht allzu langer Zeit ein hoher Fleischkonsum mit einem höheren gesellschaftlichen Status gleichzusetzen war? Ja, es ist inzwischen fast ein gesellschaftlicher Druck da. Wer will denn schon dafür verantwortlich sein, dass die armen Viecher in der Massentierhaltung leiden müssen? Wer will in Wahrheit qualvolle Tiertransporte fördern?
Es sind schließlich meist die Frauen, die das Grünkernlaibchen ausprobieren, es sind die Frauen, die den Speiseplan überdenken, es sind die Frauen, die sich den Stress antun, und zweigleisig kochen. Sie riskieren es sogar und kaufen beim Dorfmetzger einmal auch Teigwaren aus Hanf. Der 14-jährige Sohn fragt: „Hey cool Mama, wo hast denn dieses Zeug her, kann man das auch rauchen?" Der Junge wird Hanfprodukte mitunter aus anderen Beweggründen mit großer Begeisterung verspeisen. Der Ehemann dagegen wundert sich über die Farbe und läuft Gefahr, das Unbekannte abzulehnen wie der sprichwörtliche Bauer, der nur isst, was er kennt.

Gott sei Dank setzt sich der Wille der Frauen in den Familien immer mehr durch. Beim Fleisch wird genau auf die Herkunft geachtet, es wird wieder öfter frisch und saisonal gekocht. Wenn irgendwie möglich, kauft man Eier nicht mehr aus der Batteriehaltung. Trotz Geldmangel und Urlaubswunsch überlegt sich die fürsorgliche Mutter allerhand, um wenigstens in der eigenen Burg gesund zu kochen. In den meisten Betriebskantinen, in der dann die Männer jeden Tag die kurze Mittagspause für die Nahrungsaufnahme nützen, laufen leider die Uhren noch anders. Die Betonung fällt in der Tat auf „noch". Die bislang seltene betriebswirtschaftliche Überlegung, ob den besseres Essen weniger Krankenstände zur Folge haben könnte, wird inzwischen in vielen Unternehmen jeder Größenordung angestellt! Diese Rechnung gibt es und sie geht auf – zugunsten der gesunden Ernährung.

Laufen wie ein junger Hund

Frauenläufe hier, Frauenläufe da, Frauenläufe überall. Die Fitnesswelle breitet sich mit atemberaubender Geschwindigkeit aus. Man erkennt die großen Städte beinahe nicht wieder. Ob jung, ob alt, männlich oder weiblich, alle Menschen scheinen angesteckt zu sein.

Ist es nur eine vorübergehende Erscheinung, oder bleibt die sportliche Betätigung als alltägliches Erscheinungsbild? Diese Welle war längst fällig und wird in absehbarer Zeit nicht abreißen. Während der Mensch vielfach schon lange aufgehört hat, körperlich anstrengende Arbeit zu verrichten, hat er sich viele Jahre lang weiter so verhalten, als würde er körperlich hart arbeiten. Der Genuss und der ursprünglich zweifelsohne gute Geschmack fleischlicher Ernährung haben uns von der Tatsache, dass unser Hirn nicht so viel Eiweiß benötigt als unsere Muskeln, über viele Jahre hindurch abgelenkt. Außerdem war es höchste Zeit, es sich einmal richtig gut gehen zu lassen. Im Krieg gab es ohnehin nur Kartoffeln, in den 50er und 60er Jahren war das

Leben auch hart genug. Es ist halt leider immer sehr schwer zu erkennen, wo die Grenzen liegen. Mehrmals in der Woche Fleisch und Wurst zu essen, gehörte zum guten Ton und zeigte, wie bereits erwähnt, gewissermaßen den gesellschaftlichen Status an. Alle wollten in den Genuss kommen. Die Entwicklung wurde schon ausreichend beschrieben, die Folgen sind bekannt. Man konnte sie bald kaufen, die Hühner um 2,5 Euro pro Kilo. Dass die Rechnung hinten und vorne nicht aufgehen und keinesfalls ehrlich sein kann, steht fest.

Entstanden sind leider nicht nur die für Fehlernährung und Überernährung typischen Zivilisationskrankheiten, deren Ursachen und Zusammenhänge man sehr gut durchschaut hat. Entstanden sind eben als Folge der enormen Nachfrage nach Fleischlichem, Tierfabriken, Tiertransporte, der ausreichend dokumentierte Kannibalismus und letztendlich jene „modernen" Krankheitsbilder, die uns heute größte Sorgen bereiten und die mit „banalen" Zivilisationskrankheiten nichts mehr zu tun haben.

BSE ist gegessen, Tiermehl muss biologisch sauber und sortenrein gewonnen werden, es gibt jede Menge frische und gesunde Luft und ebenso gesundes Wasser – zumindest hier in unseren Breiten. Und die Frauen laufen auf Teufel komm raus? Nein, sie laufen weil es ihnen Spaß macht. Sie laufen nicht, um andere zu besiegen oder um immer schneller zu werden. Sie laufen im wahrsten Sinne des Wortes wie ein junger Hund. Einen jungen Hund langweilt das normale Gehtempo seines Herren. „Bei Fuß" zu gehen ist der reinste Horror für einen jungen Hund. Es ist die reinste Freude für ihn, zu laufen. Genau diese Assoziation kommt mir angesichts der jüngsten Fitnesswelle in den Sinn. Und wieder sind es die Analogien in der Natur, die einem da auffallen: Der Landarbeiter vergangener Zeiten musste körperlich hart arbeiten, er aß regelmäßig und ausreichend gesundes Fleisch von gesunden, freilaufenden Tieren. Die körperliche Arbeit verlagerte sich im Laufe der Zeit hin zu mehr Schreibtischarbeit. Die Massentierhaltung entstand. Die Tiere hatten keine natürlichen Reize mehr zu verarbeiten. Die einzige Aufgabe bestand darin, zu fressen und entsprechend schnell zu wachsen. Der Mensch konsumierte das solcherart gewachsene Fleisch in Unmengen. Die Analogie kennen Sie. Wie wird der Mensch bewegungsfreudig, ausgeglichen und fit im ursprünglichen Sinne? Es ist schon beantwortet.

Jene Leser, die zu Hunden kein so gutes Verhältnis haben, mögen mir verzeihen. Ich bin zur Überzeugung gelangt, dass wir gerade von den Hunden sehr viel lernen können. Fast so viel wie von den Wölfen – wären sie noch hier.

Die neuen Frauen und ihre Waffen

Sie laufen aus reinem Spaß an der Freud und fühlen sich wohl dabei. Beim Laufen kommen die besten Gedanken, heißt es immer – vorausgesetzt man hat Spaß daran und bleibt locker dabei. Auch beim Laufen reden die Frauen über ihre Lieblingsthemen. Sie beflügeln sich gegenseitig mit guten Gedanken. Die Kondition wird immer besser, der Spaß an der Bewegung immer größer. Das Schnitzel vor oder nach dem Laufen passt längst nicht mehr. Die Suche nach der richtigen Ernährung verläuft mühelos. Mit der regelmäßigen Bewegung steigt das Bedürfnis nach vitalen, naturbelassenen Produkten ganz von alleine. Es genügt nach geraumer Zeit, sich die Frage zu stellen, was braucht mein Körper jetzt nach dem Duschen? Verlassen sie sich darauf: Die Antworten kommen zuverlässig und es sind die einzig richtigen. Nicht die langwierigen Rezepte, die einem stundenlanges Stehen in der Küche mit allen erdenklichen Kochutensilien abverlangen, sind es. Die einfachen – fast hätte ich gesagt fast food – Gerichte sind es, die sie im Handumdrehen aus der Pfanne heben und sich und ihren Angehörigen damit gutes tun.

Eines steht für mich fest: Der Weg zur gesunden Ernährung führt fast einzig und allein über ein Mindestmaß an Bewegung in der frischen Luft. Die Bewegung muss nicht „Laufen" heißen. Es ist jedoch für die meisten Menschen ein anderes Gefühl, den Puls gespürt und geschwitzt zu haben als nur ein paar Gehschritte gemacht zu haben. Zudem entleert man das weiter oben beschriebene „Fass" schneller, wenn man schwitzt. Die Stufen steigt man im Alltag leichter, wenn man diese des öfteren im Laufschritt bewältigt. Bleibt noch der Faktor Zeit. Jeder Mensch hat 24 Stunden am Tag, die wenigsten haben täglich eine Stunde für einen Spaziergang zur Verfügung. Fast alle Menschen hätten jedoch drei Mal pro Woche fünfzehn Minuten zur Verfügung, um eine kleine Runde im Laufschritt zu drehen. Das würde schon ausreichen, damit der Körper wieder verstärkt jene Signale abgibt, die uns sagen, was wir brauchen. Ist der Prozess einmal in Gang gekommen, dreht sich die Spirale immer weiter nach oben. Man steigt leichter Stufen, schläft besser und verbessert nachweislich alle Werte, die der Arzt so messen kann, wenn man ihn von Zeit zu Zeit aufsucht.

Wahrscheinlich entspricht es der Wahrheit, dass Männer mehr Fleisch brauchen als Frauen. Auch Kinder brauchen eher Fleisch als erwachsene Frauen. Ich wollte mit diesem Buch keinesfalls dazu aufrufen, Kinder fleischlos zu erziehen. Man muss sich wirklich gut informieren und auskennen, um Kinder auf rein pflanzlicher Basis vollwertig aufziehen zu können. Es sei an dieser Stelle auch noch einmal ausdrücklich angemerkt, dass dieses Buch nicht den Fleischkonsum generell in Frage stellen will. Ich will lediglich allen Lesern einen Denkanstoss geben, die Menge, die Herkunft und die Qualität des konsumierten Fleisches im Hinblick auf die eigene Lebenssituation zu überdenken. Und ich will Sie auffordern, auf Fleisch aus Tierfabriken generell zu verzichten – wenn Sie fit bleiben wollen.

Cannabis-Produkte im Spitzensport

Die wahren Helden geben es zu

Die Leistungssportler sind eine ganz besonders interessante, jedoch keineswegs neuartige Gruppe von Menschen. Es hat schon immer Sportler gegeben, die sich mit anderen Sportlern auf dem höchstmöglichen Leistungsniveau gemessen haben. Die muskulösen Athleten aus dem alten Griechenland waren nicht minder populär wie so mancher Topathlet aus der modernen Zeit.

Spitzenleistungen sind in der langen Geschichte des Sports immer und immer wieder nur durch eiserne Disziplin, hartes Training und kompromisslose Selbstbeherrschung entstanden. Die Vermutung, dass heute sehr oft die Qualität der Sportgeräte über Sieg oder Niederlage entscheiden könnten, können wir hier mit ruhigem Gewissen ausklammern. Die Siegertypen gewinnen letztendlich beinahe mit jeder Marke. Der harte Wettbewerb erlaubt es gar nicht mehr, dass schlechte Produkte im Einsatz wären, mit denen der Topathlet klar messbare Nachteile in Kauf nehmen müsste.

Letztendlich ist beinahe nichts von dem, was Spitzensportler heute nach außen hin repräsentieren, für diese Siegertypen erfolgsentscheidend, umgekehrt geht freilich so gut wie nichts mehr ohne die massive finanzielle Unterstützung durch Sponsoren. Dass die wenigsten Formel-1-Piloten die eine oder andere Zigarettenmarke rauchen, liegt auf der Hand. Dass über den Spitzensport Produkte beworben werden, die weder dem Sportler noch der allgemeinen Gesundheit dienlich sind, ist auch kein Geheimnis. Je höher die Leistung, desto lukrativer wird das Engagement. Die besten Athleten kommen an die zahlungskräftigsten Firmen heran. Diese Werbemaschinerie ist aus der heutigen Zeit nicht wegzudenken. Sie ist der Treibstoff für immer neuere Entwicklungen in so mancher Wirtschaftsbranche. Wie lange diese Maschinerie Steigerungen braucht und auch verkraftet, werden wir erleben.

Der Athlet – ein ganz entscheidendes Zahnrad inmitten dieser Maschinerie – hat sich in so kurzer Zeit freilich nicht so rasant verändern können. Auch wenn Athleten heute oft mit Maschinen gleichgesetzt werden, sind es immer noch Menschen, die im Grunde denselben ewigen Rhythmen unterworfen sind, wie wir alle und wie die Athleten im alten Griechenland auch. Wie alle Menschen müssen auch Topsportler erst einmal erkennen, was den ihr Weg oder gar ihre Berufung sei. Von allen die da glauben, den Weg gefunden zu haben, bleiben immer nur ganz wenige über, die letztendlich an der Spitze stehen. Ist der Erfolg Schicksal oder haben wir diesen in der Hand? Diese Frage beschäftigt wohl fast jeden von uns. Träumen wir nur von Dingen und Erfolgen, weil wir diese tagtäglich vorgeführt bekommen, oder entwickeln wir unser ureigenes Erfolgsprinzip. Ein ganz wesentlicher Grund für Misserfolg besteht doch darin, dass sich viele Menschen nicht die Zeit nehmen, um über den eigenen Erfolg nachzudenken. Es wird von außen vorgegeben, was als Erfolg gilt und allgemein anerkannt wird. In diversen Seminaren wird einem heute suggeriert, jeder Mensch könne sein Schicksal in die Hand nehmen und grenzenlosen Erfolg erreichen. Für die Definition des eigenen Erfolgs bleibt jedoch keine Zeit. Man eifert fremden Zielen nach und kommt von der eigenen Natur, ja von der eigenen Bestimmung, immer weiter ab. Dem einen fällt es leichter, den eigenen Weg zu erkennen, der andere kommt nie dahinter – so ist das Leben.

Weiter vorne habe ich behauptet, die richtige Ernährung helfe uns dabei, die für den eigenen Weg so wichtigen Dinge zu erkennen. Soll das heißen, dass sich alle erfolgreichen Menschen, alle Topathleten gesund ernähren? Für die wirklich erfolgreichen Sportler stimmt diese Aussage im Prinzip auf alle Fälle! Je mehr für den Erfolg nämlich nicht nur eine „menschliche" Komponente, sondern das gesamte Paket – Körper, Geist und Seele – gefragt ist, desto wichtiger wird die Ernährung. Man kann als Manager jahrelang einseitig das Hirn belasten und wie wild Geld schaufeln. Wenn die erblichen Voraussetzungen gut sind, spielt der Körper sehr lange mit – der Herzinfarkt kommt relativ spät. Nicht ganz so läuft es im Spitzensport. Die echten Sieger pflegen die drei Säulen gleichermaßen. Kennen Sie einen Topathleten? Fragen Sie ihn, was er so die ganze Zeit über isst und was er trinkt. Er/Sie wird es Ihnen flüstern: Die meisten Spitzensportler ernähren sich überaus bewusst, weil sie wissen, dass gesunde Ernährung eine der wichtigsten Säulen für Ausdauer, Gesundheit, Leistungsfähigkeit und damit dauerhaften Erfolg ist. Ein fettes Mastschwein aus der Massentierhaltung ist keine gute Unterstützung für einen Menschen, der körperliche Höchstleistung vollbringen soll. Sie erinnern sich an die Analogien, von denen ich gesprochen habe.

So wie die Natur kaum eine Lobby hat, so hatten auch gesunde Lebensmittel bislang keine Lobby, die derart große Sponsorbeträge zu zahlen imstande gewesen wäre.

Die Topsportler trinken genau wie vor 1000 Jahren in erster Linie viel sauberes Wasser. Wasser verleiht jeder Zelle im Körper die nötige Spannkraft. Vitalstoffreiche Lebensmittel stärken das Immunsystem, das gerade im Spitzensport extremen Belastungen und Angriffen unterliegt. Mineralstoffe, Vitamine und Spurenelemente sind in naturbelassenen Produkten genau in jener Form vorhanden, die der Körper aufnehmen und verwerten kann. Das ist die einfache Wahrheit. All die anderen Dinge, die mit natürlichem Ursprung nichts zu tun haben, kann man nur mit sehr großem Aufwand „unter die Leute" bringen. Langfristiger Erfolg wird diesen Dingen wohl kaum zuteil werden.

Dass die Hanfpflanze in jüngster Zeit in der Sporternährung an Bedeutung gewinnt, verwundert da kaum. Diese Pflanze hat sich in der Evolution wie kaum eine andere Pflanze in beinahe unveränderter Form bewährt. Das Hanfkorn enthält eine so große Bandbreite an Stoffen, die man sich ansonsten mühsam aus mehreren Pflanzen buchstäblich „zusammenkratzen" müsste. Zum einen sind es die essentiellen Aminosäuren im Samenkorn, die theoretisch das Fleisch ersetzen könnten. Zum anderen ist die hochwertige Fettsäurezusammensetzung des Hanföls gerade für Menschen, deren Körper unglaubliches leisten muss, mehr als nur eine kleine Stütze. Mit dem hochwertigen Öl werden zudem alle fettlöslichen Vitamine sowie andere lebensnotwenige Fettbegleitstoffe gratis mitgeliefert.

Dann kommt es immer wieder vor, dass Cannabis in Form von Marihuana nebst anderen – mitunter synthetischen Drogen – in der Sportlerszene auftaucht. Diejenigen, denen der Genuss von Marihuana nachgewiesen wird, werden an die Wand gestellt. Wer zugibt, Marihuana geraucht zu haben, wird nicht gerade als Held gefeiert – wie Beispiele aus der jüngsten Vergangenheit gezeigt haben.

Erlebt jemand großen Erfolg, so muss er diesen erst einmal auch verkraften. Alkohol und Drogen kommen da allzu oft ins Spiel – im Sport genauso wie in anderen Bereichen der Gesellschaft. Marihuana kann den übermütigen Siegestaumel verstärken, würde dem Körper nicht schaden und wäre aus meiner Sicht als harmlos einzustufen. Kommen andere Dinge ins Spiel, wird es mitunter kritisch. Die Drogendebatte ist im Sport besonders diffizil, da Drogen mit Dopingmitteln sehr nahe verwandt sind, ja, oft handelt es sich um dieselben Substanzen.
Die zahlreichen Dopingskandale gerade im Spitzensport geben Anlass zur Vermutung, dass diverse Mittelchen im Spitzensport sehr

weit verbreitet sind. Es gibt eine Unzahl von synthetischen Substanzen, die kurzfristig die Leistung steigern und jeden Schmerz vertreiben können, so wie Aspirin tatsächlich das Fieber senkt, ohne auch nur irgendwie die Ursache zu bekämpfen. Viele Siege und scheinbar unglaubliche Leistungen sind wohl auf die Einnahme solcher Mittel zurückzuführen. So manche Sportart ist – wie inoffiziell auch zugegeben wird – ohne Doping nicht mehr denkbar. Irgendwann geht das Zahnrad – genannt Topathlet – jedoch kaputt, wenn man es derart überfordert. Kein Problem, es wird ausgetauscht. Diejenigen, die über die Sportkarriere hinaus Erfolg und Glück haben, sind meist aus einem anderen Holz geschnitzt. Sie haben alle Säulen des Erfolgs gleichermaßen ernährt und gefördert. Sie haben vielleicht auch den einen oder anderen – vollkommen harmlosen – Joint geraucht oder nach den zahlreichen Siegen Vollräusche erlebt, die mit Disziplin nichts mehr zu tun hatten. Aber unnatürliche Substanzen haben sie von ihrem Körper fern gehalten.

Die Hobbysportler orientieren sich an den offiziellen Aussagen und Verhaltensweisen der Topathleten. Das hat vor wenigen Jahren noch dazu geführt, dass sogar in der Sauna isotonische Getränke konsumiert wurden (das überfordert bekanntlich die Nieren), während die besten Radfahrer bei Belastungen unter einer Stunde in Wahrheit meist nur reines Wasser trinken und danach zu unterschiedlich stark verdünntem Johannisbeersaft greifen. Diese Grundwahrheiten setzen sich in jüngster Zeit wie von selber durch. Die Zeit ist auch längst reif dafür.

Erfolg und gesunde Ernährung sind „Drogen" – nütze sie

Arbeit, Sport, Alkohol und viele andere Dinge kann man so betreiben und konsumieren, dass man von Sucht reden kann. Sind es wirklich die sogenannten Glückshormone, die einen durchschnittlichen

Büromenschen immer wieder dazu veranlassen, gemeinsam mit tausend und abertausend anderen Büromenschen die Laufschuhe anzuziehen, um die mörderische Distanz von guten 42 Kilometern zu bezwingen? Wer die Marathondistanz bezwungen hat, weiß genau wovon die Rede ist. Der Schmerz ist nach einer Woche vollkommen vorbei. Zurück bleiben die positiven Gefühle und die Erinnerung – sofern man das Ziel erreicht hat – an die tolle Stimmung vor, während und nach dem Rennen.

Nur, die Glückshormone sind nicht der Grund dafür, damit zu beginnen. Hat sich der Mensch in den Sinn gesetzt, dass der persönliche Erfolg mit Bewegung und vor allem mit Lust an der Bewegung verbunden ist, so bleibt ihm gar nichts anderes übrig, als für diesen Erfolg zu arbeiten. Die Gefühle, die man während des Laufens bekommt, sind gewissermaßen eine Belohnung für die Anstrengung.

Ja, Laufen, Radfahren und andere Arten der Bewegung können „süchtig" machen – im positivsten Sinne. Ganz am Schluss dieses Buches will ich die Begriffe „Droge und Sucht" auf ganz unkonventionelle Art und Weise stehen lassen und auch verstanden wissen. Wenn Gesundheit bis ins hohe Alter ein wirklich wichtiges Ziel für Sie ist und Sie bereit sind, dafür etwas zu tun, so wird alles, was Sie dazu brauchen, an Sie herankommen. Klingt einfach und ich habe ja leicht reden mit meinen 33 Jahren? Das ist richtig. Nur, ich bilde mir ein, einige ganz wesentliche Dinge durchschaut zu haben. Diese Dinge habe ich versucht, hier zu vermitteln.

Jeder von uns trägt mehr oder weniger große seelische und körperliche Lasten mit sich herum. Jeder ist mit anderen Voraussetzungen auf diesem Planeten angetreten. Aufgrund dieser Verschiedenheit ist es so wichtig, dass jeder seinen eigenen „Cocktail" zusammenmixt. Es gibt Menschen, die tatsächlich kaum Bewegung machen und dennoch bis ins hohe Alter frisch und vital bleiben. Vielleicht machen diese

Menschen Entspannungsübungen oder beherrschen fernöstliche Meditationstechniken, oder sie gehen einem Beruf nach, der Geist, Körper und Seele gleichermaßen fordert und sie darüber hinaus keine Bewegung brauchen.

Ich bin jedoch davon überzeugt, dass für den größten Teil der Bevölkerung in unserer modernen Welt, Bewegung und gesunde Ernährung die wichtigsten „Drogen" sind, um die Vision „Gesundsein im hohen Alter" wahr werden zu lassen.

Ich habe in diesem Buch stets versucht, die Individualität eines jeden von uns herauszustreichen. Im letzten Absatz will ich noch ein paar Dinge zusammenfassen, die im wesentlichen für alle Menschen zutreffen und jedem zum Vorteil gereichen sollten. Die Liste hat Anspruch auf Vollständigkeit. Ich freue mich auf Ihre Meinung, auf Ihre Erfahrungen und Ihre Ergänzungsvorschläge. Schreiben Sie mir eine e-mail: frenki@eunet.at Ich werde diese ehest möglich beantworten.

- Halten Sie Ausschau nach gutem Leitungs- oder Quellwasser und trinken Sie möglichst viel davon pur oder als Tee.
- Nehmen Sie möglichst nur Öle aus biologischer Landwirtschaft zu sich. Jedes Lebewesen – so auch die Pflanzen – speichert Gifte und Schwermetalle in den Fettzellen. Ölpflanzen reinigen förmlich den Boden und enthalten die Schadstoffe dann im Fett.
- Verzichten Sie möglichst auf vorgefertigte und aufgewärmte Speisen.
- Verzichten Sie am besten vollkommen auf Fleisch und tierische Produkte aus industrieller – nicht artgerechter – Tierhaltung.
- Machen Sie regelmäßig Bewegung – wenn irgendwie möglich – in der frischen Luft.

· Essen Sie möglichst viele als vital einzustufende Produkte[8].

· Machen Sie sich im Sinne des vorliegenden Buches Ihre eigene Meinung über die äußerst nützliche Hanfpflanze und nützen Sie dieses wertvolle Gewächs zu Ihrem eigenen Vorteil.

Ich bin mir darüber im klaren, wie wichtig und gesundheitsfördernd soziale Kontakte für uns Menschen sind. Liebe und Zuneigung können Ernährungsfehler und mangelnde Bewegung auf eindrückliche Weise kompensieren und mitunter sogar Krankheiten verhindern. Das ist mit ein Grund, warum ich mit der vorhergehenden Auflistung keinesfalls einen Anspruch auf Vollständigkeit erheben wollte. Vielleicht gelingt es mir ja in einem nächsten Buch, die Zusammenhänge zwischen gesundem „Drogenkonsum" und gesunden sozialen Kontakten zu beleuchten.

---

[8] Vitale, frische Lebensmittel sind im Lebensmittelhandel inzwischen eine Rarität. Nur 6-10% aller erhältlichen Produkte sind als frisch einzustufen. Haltbarprodukte enthalten wenig Vitalstoffe und sind nicht dazu geeignet, das körpereigene Immunsystem zu kräftigen.

Danksagung

An erster Stelle danke ich all jenen Mitmenschen, die Hanf bis vor kurzem und mitunter bis heute nicht ernst nehmen. Es sind dies meist Menschen, denen das Verständnis für die Wunder der Natur weitgehend fehlt. Sie haben eine rein technisch-rationale Auffassung sowohl von den Vorgängen draußen im Wald als auch von den nicht so klar definierten Dingen zwischen Himmel und Erde. Diese Menschen fordern mich ständig dazu auf, die Gültigkeit meiner Auffassungen und meiner Ideen unter Beweis zu stellen.

Wären da nur die Kritiker und ich gewesen, so wäre die Energie, die mir gegeben war und ist, vielleicht längst verblast. So danke ich meiner Familie, meinen echten Freunden und insbesondere auch meinen Kunden, die seit Beginn meiner selbständigen Tätigkeit an die Richtigkeit meines Handelns glauben und diese mitunter tatkräftig unterstützen.

Die Hanfpflanze habe ich mit meiner Partnerin, Sabine Eberlin, gewissermaßen gemeinsam entdeckt. Während ich mich vorerst voll und ganz auf Lebensmittel konzentriert habe, hat Sabine schon 1996 damit begonnen – passend zu ihrer Ausbildung (Modeschule Hetzendorf) – eine Hanfmode zu entwickeln, die den höchsten Ansprüchen modebewusster Menschen mehr als nur genügt. Im kleinen haben wir längst bewiesen, dass Produkte aus dieser Pflanze in jeder Hinsicht salonfähig und inzwischen überaus gefragt sind. Danke, liebe Sabine.

Vielleicht erscheint es manchen albern, auch jenen Menschen zu danken, die mir durch ihr eigenes Handeln genau vor Augen geführt haben, wie es nicht geht oder zumindest in Zukunft nicht mehr gehen kann. Ich hatte intensiv mit Menschen zu tun, die bis heute prinzipiell allen Naturgesetzen zuwider handeln. Es waren etwa jene Menschen, die mir während meiner Tätigkeit in Russland „beratend" zur Seite standen und mir zu erklären versuchten, dass Humus schlecht sei, da dieser den Spritzmittelverbrauch so stark erhöhte. Da bin ich schon sehr dankbar für meine einzigartige Kindheit mitten im grünen Salzburger Land. Als kleiner Junge mit unendlichem Wissensdrang erkennt man schon beim Spielen im Wald gewisse unumstößliche Wahrheiten.

Ein besonderer Dank gilt auch jenen Professoren an der Universität für Bodenkultur in Wien, die einem lehren, dass Bäume nicht in den Himmel wachsen.

Ich bin dankbar dafür, dass ich in dieser so interessanten Zeit leben darf. Es gibt auf diesem Planeten unglaublich viele Aufgaben und Probleme, die es zu lösen gilt. Meine Vision heißt „think big & green". Gemeint sind damit globale Konzepte für nachhaltiges Wirtschaften. Ich verdanke es meinen Eltern, dass ich den finanziellen Spielraum bekommen habe, um meine Konzepte im kleinen zu entwickeln. Es bleibt ja noch viel Zeit, um die zukunftsfähigen Ideen auf breite Basis zu stellen.

„Erkenne dich selbst; das ist die wichtigste Hausaufgabe eines jeden Menschen. Wer diese Aufgabe nicht in Angriff nimmt, wird dem Sinn des eigenen Daseins nicht näher kommen. Wenn du dann auch nur eine einzige deiner schlechten Eigenschaften abbaust, so hast du nicht umsonst gelebt" das sind die Worte meiner „Hexe vom Traunsee"[9]. Ich hatte vor vielen Jahren das Glück, durch eigenartige Umstände eine weise alte Frau, geboren 1904, kennenzulernen, die mich einige ganz wichtige Dinge gelehrt hat. Meine liebe Frau Irresberger lebt noch heute in Wien und im Sommer am Traunsee. Sie befasst sich seit 40 Jahren mit Grenzwissenschaften und hat unzähligen Menschen dabei geholfen, sich selbst zu erkennen.

Danke, liebe Frau Irresberger!

---

[9] Als Hexe vom Traunsee wurde sie in einer Seitenblicke-Sendung im ORF vorgestellt. Dieser Ausdruck ist so treffend.

www.ingramcontent.com/pod-product-compliance
Lightning Source LLC
Chambersburg PA
CBHW031541210526
45464CB00003B/1090